いきなり　はじめる

PHP

改訂版

新・ワクワク・ドキドキの入門教室

谷藤賢一＝著

text by Tanifuji Ken-ichi

JN064268

リックテレコム

本書は谷藤賢一著『いきなりはじめるPHP』（2011年、リックテレコム刊）の改訂版です。
基本的な内容は前著と変わりませんが、以下の点を改訂しました。

● プログラミング環境全体をバージョンアップ

Windows や macOS のほか、PHP の開発／実行環境を構築するための XAMMP のバージョンを新しくし、約170点の画面写真等も全て更新しました。

● インターネットサイトの変化に対応

第2章での各種ソフトウェアのダウンロードおよびインストール手順、設定手順などを新しくして、Mac での操作説明を加筆しました。

● PHP のバージョンアップに対応

PHP の最新言語仕様や流行の作法に抵触しないようプログラムコードのごく一部を見直しました。

● プログラムコードを見やすく、さらに解りやすく

使用する英数字すべての書体デザインを、より判別しやすい等幅フォントに変えました。また、初心者にさらに解りやすく、全編の説明をブラッシュアップしました。

※本書の刊行後に記載内容の補足や更新が必要となった場合、「読者フォローアップ資料」を掲示する場合があります。必要に応じて下記より参照してください。

https://www.ric.co.jp/book/contents/pdfs/4021_support.pdf

秋葉原の小さな小さな教室で、

笑いながら1日でプログラムを組んで帰る、

そんな講座があります。

この本は、毎回教室で起こるドラマから生まれました。

いつも思います。

どうして初心者に優しいプログラミングの本がないので

しょう。

引っかかるところはみんな同じなのに…。

秋葉原の教室に来られない方でもプログラミングがで

きるよう、

思いを込めて執筆しました。

ベテランの方にはちょっとやさしすぎる内容ですので、

また別の機会にお会いしましょう。

それでは初心者のあなた、お待ちしておりました。

ようこそ、プログラミングの世界へ！

この本の読者と使い方

本書はこんな方々を対象としています

・プログラミング入門書で勉強してみたけど、挫折してしまった方
・ITスクールのプログラミング入門講習の期間と料金を見て、ビックリしてしまった方
・動画で勉強をしてみたけど、理解できなかった方
・外注に頼りっきりのWebクリエイターの方
・IT業界志望の学生さん
・自分だけのWebサービスを立ち上げる夢をお持ちの方
・PHPに限らず、プログラミングをやってみたい方は全員、本書の対象です。

どこまでできるようになるの？

PHPやデータベースの入門書は世の中にたくさんあります。入門書と言っても、実際に書かれている内容はどれもそこそこ高度です。今のあなたには、かなり難しく感じられるかもしれません。いえ、たぶん挫折してしまうことでしょう。でも、本書を卒業する頃のあなたは、そうした入門書をかなりの程度まで読める状態になっているはずです。

これはすごいことなんです。だって、あとはあなたがやりたいことが書いてある本を買えばいいのですから。書店に行けば、そこに未来が広がっているのです。そんな夢のような状態に、あなたを最短コースで導くために書かれたのがこの本です。

本書の特徴

この本は、難しいプログラミングの技術を、単に平易な言葉で解説したものではありません。秋葉原の教室に通って来る生徒さんたちとの "双方向" のやりとりや、心の交流を通じて、「いったい何がプログラミングを難しくしているのか？」を徹底的に解明するところから生まれました。

誰もが同じ所でつまずいたり、諦めたりしています。でも、先生やベテランプログラマになるほど、それを忘れてしまいます。本書は、教室に通って来る初心者の方々、皆の悩みから生まれ出た本です。そんな本は今まで滅多にありませんでした。入門書を読む前に読む「超・入門書」なのです。

本書の構成

1章は「心の準備編」です。ここを読むだけで、プログラミングに対するあなたの姿勢は大きく変わることでしょう！

2章は「パソコン設定編」です。プログラミングを始めるにはパソコンの準備が欠かせません。面倒な設定をできるだけ分かりやすく解説しました。コーヒー片手にじっくり取り組んでくださいね。

3章はいよいよ「プログラミング編」です。アンケートシステムをPHPでプログラミングします。楽しんでください。

4章は「データベース編」です。入力されたアンケートの回答が自動で保存される仕組みを作ります。すごいですよ。

なお、本書はMacintosh(以下Macと表記)でも使えるようになっていますが、基本的にはWindowsの場合を想定して記述しています。

読み方

・順序が大切です。ページを飛ばさないで、じっくり取り組んでください。なくてもよい説明や、説明するとかえって分からなくなってしまうような記述はバッサリ切り捨てました。最短コースでひとつのゴールにたどり着くために、本当に必要な情報だけに絞りました。無駄は一切ありません。

・「覚えましょう！」とある箇所は、「暗記しましょう」ということではありません。後で何となく「あの辺に書いてあったっけ」と、思い出せる程度に覚えればOKです。どんどん先に進んでください。

・コラムにも大切なことを書きました。ここはできるだけ読んでくださいね。

・エラー対策のコラムを複数ページに散りばめました。エラーからなかなか抜け出せないとき、少し先のページにあるコラムを参照することで、きっと解決します。

本書を読み終える頃、本書に出逢ったことを誰もが喜べるような本にすべく、精一杯の工夫を凝らしました。この本を通じて、あなたがプログラミングの楽しさを知ることを、心から願っています。

CONTENTS

Chapter 3　ワクワク！ プログラミング編　45
プログラミングは楽しい！

Column一覧

Chapter

1

なるほど！
心の準備編

何から始めたらいいの？

使える画面やプログラムを、いきなり作るのがミソです！

PHPで何ができるのでしょうか？

答え：「何でもできます。」

ん～、これじゃ何から始めていいのか分かりませんね。

お答えしましょう。

最初の一歩は「アンケートシステム」です。

簡単なアンケート回収サイトを作ってみるのです。

理由は、PHPのエキスが詰まっているからです。

アンケートシステムを作ったあなたは、

PHPでのプログラミング力をかなり身に付けていますよ。

さあ、ゴールが決まれば、あとはやるだけです。

☞ いってみましょう！ ☞

なるほど！　心の準備編

とっても大切な心の準備！

あなたの手を止めるもの、それは「思い込み」です。
このページを読むだけで自信が沸いてきますよ。

さあ、さっそくあなたは大きな分かれ道に立っています。プログラミングができずに終わるか、アンケートシステムを作り上げて感動に浸るか、この「心の準備」に掛かっていると言ってもいいでしょう。思い込みに翻弄されなければ、感動の明日が待っていますよ！

「僕にもできるかな？」→ はい、あなたにもプログラミングはできます！

あなたにもプログラミングはできます。本当です。筆者が開いている秋葉原の小さな教室で、これまで多くの方がプログラムを組んでいきました。「とうとう最後までできなかった」という人はゼロです。中には、「プログラミングは初めて」どころか、キーボード指1本打ちの年配の方もいらっしゃいました。

だからできるのです。できなくさせている何かがあるとすれば、それはたぶん、あなた自身の思い込みです。「私にはできない」「俺には向いてない」…そんな言葉を無意識に発していませんか？　あんまり言っていると、ホントにできなくなってしまいますよ（専門用語でマイナスのアファーメーションといいます）。
代わりにこう言いましょう。「これができる私って、やっぱりスゴい！」「ほら俺、やるじゃん！」（プラスのアファーメーションといいます）。

え？　僕でもいいの!?

「でも、勉強きらいなんだけど…」→ はいはい、お勉強禁止です！

「え!?　これからPHPを勉強するのに…」。はい、もう学校じゃないですよ。予習も復習も確認テストも不要です。もちろんマル暗記も不要です。
大切なのは、ちょっとだけ頭を使って、そして実際にやってみること。ガリガリ詰め込む暇があったら、手を動かしてください。「あ！動いた！」という感動を味わってください。

サッカーを覚える近道は、ルールブックを暗記するよりも、まずボールを蹴ってみることです。クロスワードパズルを始める前に、辞書をマル暗記する人なんていませんよね。それと同じです。

「そうは言っても基礎からやらないと…」 → いいえ、基礎は後回し!

「まずは基礎からきちんと勉強しなくっちゃ…」と思った方、それは止めましょう。まずは手を動かしてください。「あ!動いた!」の感動が大切です。

次に「何でこうなるの?」と疑問に思ったら調べてください。「へ〜なるほど!」という感覚があったら、それが基礎に触れた瞬間です。

「基礎は後回し」が鉄則。これなら、辛くないばかりでなく、感動すら味わえますよね。本書で一番大切にしている考え方です。

「挫折しそう…」 → それを避ける秘訣があります

多くの人が独学でプログラミングに挑戦しては、挫折していきます。なぜでしょう?
それは「落とし穴」に落ちるからです。それを避ける方法があるんです! ここは大切なので、次のページから見ていきましょう!

「挫折しそう……」

なるほど！ 心の準備編

挫折の落とし穴を跳び越えよう！

あなたを挫折させる落とし穴がいくつかあります。
あらかじめ知ることで跳び越えてしまいましょう！

挫折の落とし穴はどれも怖くありません。そこに穴があることを知らないから落ちるのです。また、知らずに落っこちるから、ダメージが大きいのです。最初に知ってしまえば、あとはピョンピョンと跳び越えるだけですよ！

落とし穴「難しいという思い込み」

●こんなふうに落っこちる
「やっぱり難しそうじゃん…」と諦めてしまう。

●跳び越える方法
前のページで解説したとおり、大丈夫です。不安ならもう一度前のページを読んでください。一切ウソは書いてないですよ。理系か文系かも全然関係ありません。年齢も性別も全く関係ありません。「自分にも必ずできる」ということを信じてください。

落とし穴「入門書インフレ」

●こんなふうに落っこちる

入門書を買ってきてはチャレンジ。でも、できない。「買った本がよくなかったからだ」と思い込み、またポチッと。やがて机の上は入門書の山。そしてホコリまみれに…。

●跳び越える方法

Windowsとインターネットの時代になってから、楽になった事と、ややこしくなった事があります。1冊の入門書でうまく説明するのが困難になってきたことも事実です。つまり、これまでのような入門書では、プログラミングの世界に入っていくのが難しくなってきたということです。

そこで登場したのが本書です。全くの初心者だけを対象にして書きました(ベテランの方には物足りないはずです)。

まずはプログラミングの世界を体験してしまおうというのが本書の提案です。焦らず楽しみながら、1ページ1ページ進んでいけば大丈夫です。本書でゴールした後は、山積みになった入門書も、ある程度理解できるようになっていることでしょう。すばらしいことですね!

落とし穴「事前の設定が大変」

●こんなふうに落っこちる

プログラムを1行も書かないうちに、面倒なインストール作業など、パソコンの事前設定の所でイヤになって、結局やめてしまう。

●跳び越える方法

最初のプログラムを書くまでの準備って、けっこう大変なんです。プログラミングに入る前に立ちはだかるハードルであり、とても多くの人がここでつまずいていました。

そこで本書は、パソコンの設定だけで丸々1章割くことにしました。丁寧に道案内した先には楽しい世界が待っていますから、恐がらずいっしょに乗り越えていきましょう。

落とし穴「エラーにビックリ＆ガックリ！」

●こんなふうに落っこちる
「エラーだ！」とビックリ。「もうダメだ…」とガックリ。

●跳び越える方法

エラーが出たら直せばいい、それだけのことです。いけないことでも、恥ずかしいことでもありません。エラーが出るのは当たり前なんです。ベテランだって、たくさんエラーを出しますよ。「ほらっ、エラーが出たよ！」って楽しんじゃうくらいに、気持ちに余裕を持ちましょう。

落とし穴「エラーがなくならない」

●こんなふうに落っこちる
プログラムを何度見直しても、どこも間違ってない。なのに、エラー表示が消えない。トホホ…もうイヤだ…。

●跳び越える方法
いくら正しいように見えても、ミスしている部分が必ずあります。そうしたプログラムの入力ミスには、お決まりのパターンがあるのです。
本書では、秋葉原の教室で毎回見られるお馴染みのエラーパターンを、1つずつコラムでお教えしています。本書のコラムにある方法だけで、ほとんどのケースは解決するはずですよ。

chapter 1-3

楽しむことの大切さ！

高い技術を持っている人ほど、プログラミングを楽しんでいます。

「楽しむ」こと――

これがプログラミング最大の秘訣です。

意外ですか？

別に意外なことではありません。

内発的動機付け、フロー理論、行動分析学、NLP…

多くの心理分野で実証済みです。

私たちは「勉強＝苦しい」と教えられてきました。

だから身構えてしまうんです。

本書では苦しい「お勉強」は禁止です。

リラックス、リラックス！

心をワクワクさせてください。

子どもの頃のように♪

Chapter

2

がんばろう！
パソコン設定編

Chapter
2
がんばろう！
パソコン設定編

Chapter
3
ワクワク！
プログラミング編

Chapter
4
ドキドキ！
データベース編

らくらく壁を跳び越えよう！

本書を手にしたあなたはラッキーです！最初にして最大の壁を楽に跳び越えることができるのです。

プログラミングの前に、パソコンの設定が必要です。

これが面倒くさいのです！

たぶん多くの人がプログラムを1行も組まないまま

挫折していることでしょう。

これからあなたを、

楽しいプログラミングの世界へお連れするために、

なんと、1章丸ごとパソコン設定に割きました！

だからご安心ください。

焦らず、じっくり取り組んでください。

まぁ、コーヒーでも飲みながら★

☞ いってみましょう！ ☞

がんばろう！ パソコン設定編

タダでサーバーを手に入れよう！

サーバーを手に入れなければプログラミングは始まりません。
でも大丈夫。お金がなくても場所がなくても手に入れることができます。

タダでサーバーを手に入れてしまいましょう。そんなことができるんです。「でも置き場所が
ない」って？ 大丈夫です。ちゃんと秘策があります！

PHPはサーバー側で動く！

PHPのプログラムは、ホームページと同じ場所に作ります。あなたのパソコンではなく、サーバーで動くのです。ですので、PHPでプログラミングをやるからには、あなただけのサーバーを手に入れる必要があります。

タダでもらえて場所もとらないサーバーなんてある？

「高いお金払ってサーバーなんて買えないですよ」という方、大丈夫です。無料でサーバーが手に入ります。「でも、部屋に置き場所がないですよ」という方、それも大丈夫です。置き場所に困るようなことはありません。「タダで使えるレンタルサーバーですね？」って、それも違います。

あなたのパソコンの中に、仮想的にサーバーを設置できるソフトがあるんです。それをインストールするだけで、まるで自分専用のサーバーを持っているかのように動作してくれます。オープンソースと呼ばれるフリーソフトだからタダなんです。あなたのパソコンにインストールするので、場所もとらないワケです。それが「XAMPP」です！ XAMPPは「ザンプ」と読みます。

XAMPPってホントにタダなの？

はい、タダです。会費だとか、ユーザー登録だとか、代わりに何かしなくちゃいけないようなことは一切ありません。ホントにタダなんです。
世界中の腕利きエンジニアが、ボランティアで改良を続けているのです。彼らは自分が世界

で役に立つことを喜びとしているので、見返りを要求しません。私たちはそれを自由に使うことができるのです。ありがたいですね。

さあ、その素晴らしい仮想サーバー「XAMPP」をさっそく手に入れましょう！

XAMPPを手に入れよう！(Windowsパソコンをお使いのプログラミング初心者のあなた)

1. あなたがWindowsパソコンをお使いで、プログラミング初心者であれば、こちらのサイトへアクセスしてXAMPPをダウンロードしましょう。

   https://sourceforge.net/projects/xampp/files/XAMPP%20Windows/8.2.4/

xampp-windows-x64-8.2.4-0-VS16-installer.exe
をクリックしてダウンロードしてください。

本書では執筆時点(2023年秋) の最新バージョン8.2.4を使用します。

※2011年のバージョン1.7.4以降であればプログラムは問題なく動きます。

2. ダウンロードが完了したら、あなたのWindowsパソコンにXAMPPをインストールします。

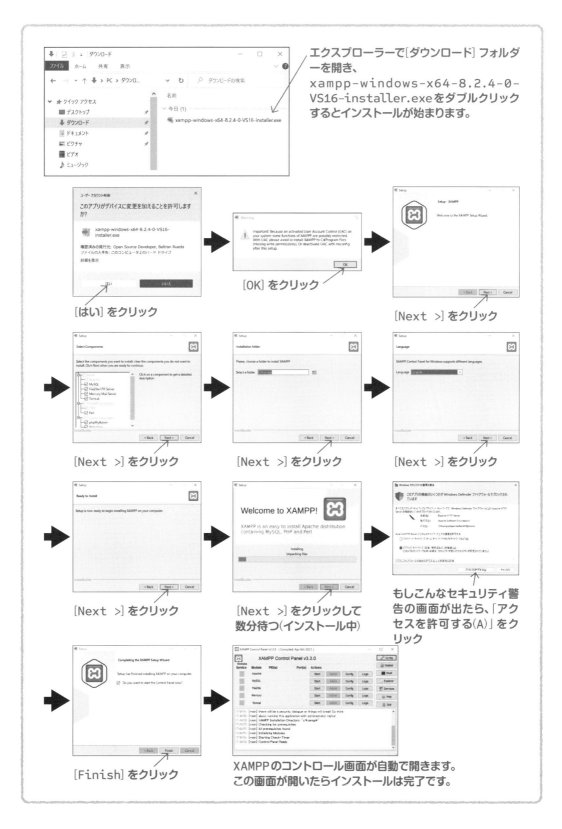

エクスプローラーで[ダウンロード] フォルダーを開き、`xampp-windows-x64-8.2.4-0-VS16-installer.exe`をダブルクリックするとインストールが始まります。

[はい] をクリック

[OK] をクリック

[Next >] をクリック

[Next >] をクリック

[Next >] をクリック

[Next >] をクリック

[Next >] をクリック

[Next >] をクリックして数分待つ（インストール中）

もしこんなセキュリティ警告の画面が出たら、「アクセスを許可する(A)」をクリック

[Finish] をクリック

XAMPPのコントロール画面が自動で開きます。この画面が開いたらインストールは完了です。

XAMPPのバージョンについて。

ネットのアプリケーションはたびたびバージョンアップします。特にXAMPPの場合は頻繁です。では、そのたびにインストールし直さなければいけないのでしょうか?
まだ世に登場したばかりのアプリなら、様々な問題解決のためにバージョンアップは大切です。しかしXAMPPは登場してからかなりの年月が経っており、ほとんどの問題は解決済みです。2011年春に大きな改定がありましたが、それ以降は、初心者にはあまり関係のない改定ばかりです。正直どのバージョンを使っても同じように動作しますので、慌てる必要はありません。
初心者の方は安心して、本書で指定するバージョンのXAMPPをお使いください。

3. ここで一旦XAMPPを終了させます。

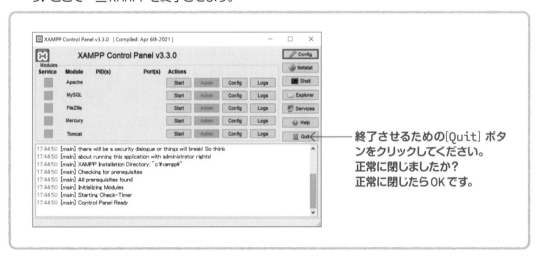

終了させるための[Quit] ボタンをクリックしてください。
正常に閉じましたか?
正常に閉じたらOKです。

ところが!
正常に終了しないでエラーが出ることがあります。

もし、こんなエラーが出てしまったら？
正常に終了できない状態なので対策が必要です。

対策をするためには、まずこのエラー表示を消す必要があります。2つのエラー表示が重なって出ますので、裏に隠れている[Error（応答なし）]のタイトルの画面の右上の[×]ボタンをクリックし、続いて「→プログラムを終了します」をクリックします。

エラー表示が消えたら次の操作をしてください。

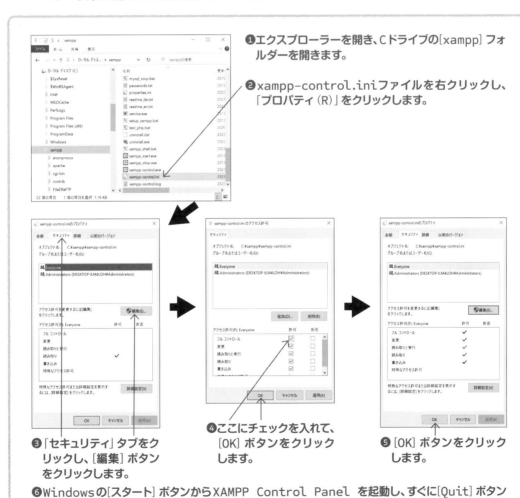

❶エクスプローラーを開き、Cドライブの[xampp]フォルダーを開きます。

❷xampp-control.iniファイルを右クリックし、「プロパティ（R）」をクリックします。

❸「セキュリティ」タブをクリックし、[編集]ボタンをクリックします。

❹ここにチェックを入れて、[OK]ボタンをクリックします。

❺[OK]ボタンをクリックします。

❻Windowsの[スタート]ボタンからXAMPP Control Panelを起動し、すぐに[Quit]ボタンで終了してみてください。今度は正常に終了しましたね。

Webサーバー「Apache」を起動しよう！（Windowsの方）

Windowsの[スタート] ボタンから「XAMPP Control Panel」を起動してください。

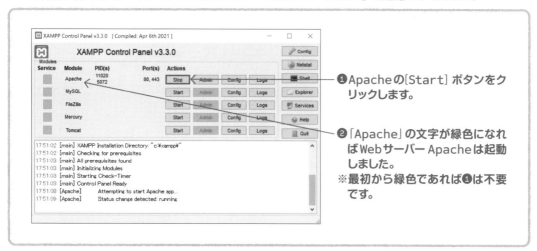

❶Apacheの[Start] ボタンをクリックします。

❷「Apache」の文字が緑色になればWebサーバー Apacheは起動しました。
※最初から緑色であれば❶は不要です。

うまくいったら030ページ、「動作を確認しよう！」に進んでください。

うまくいったら030ページ、「動作を確認しよう！」に進んでください。

column

パソコンがお得意な方へ…

パソコンがお得意な方は、このサイトへアクセスしてXAMPPの最新版をダウンロードしてみてください。

https://www.apachefriends.org/jp/index.html

Windows版、Mac版いずれも最新バージョンのXAMPPが手に入りますが、本書でこれから出てくる画面とはデザインや操作が少し違っているかもしれません。「あぁ、そんなの問題ないですよ！」と言えるくらいパソコンがお得意でしたら、ぜひ最新バージョンを手に入れて本書にチャレンジしてください。ダウンロードができたら、インストールと動作確認を行ってください。

XAMPPを手に入れよう！（Macをお使いのプログラミング初心者のあなた）

1. あなたがMacをお使いで、プログラミング初心者であれば、このサイトへアクセスして
   XAMPPをダウンロードしましょう。

   ```
   https://sourceforge.net/projects/xampp/files/XAMPP%20Mac%20
   OS%20X/8.2.4/
   ```

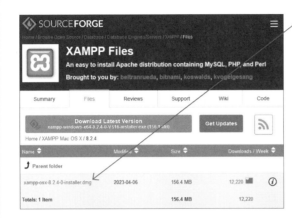

xampp-osx-8.2.4-0-installer.
dmgをクリックしてダウンロードしてく
ださい。

本書では執筆時点（2023年秋）の最新バ
ージョン8.2.4を使用します。
※2011年のバージョン1.7.4以降であ
ればプログラムは問題なく動きます。

2. XAMPPをあなたのMacにインストールします。

ダウンロードしたファイル
xampp-osx-8.2.4-0-installer.dmg
を起動するとインストールが始まります。
ダブルクリックだけだと「開発元を検証できないた
め開けません」と表示され、それ以上進めなくなる
場合があるので、［Control］ボタンを押しなが
ら、このアイコンをクリックし、「開く」を選択して
ください。

3. もし、「"xampp-osx-8.2.4-0-installer" はインターネットからダウンロードされ
   たアプリケーションです。開いてもよろしいですか？」というメッセージが出たら…
   ［開く］ボタンをクリックしてください。

4. もし、パスワードを聞かれたら…
   いつものパスワードを入力し、［OK］ボタンをクリックしてください。

5．もし、何かの許可を求めるポップアップ画面が出たら…

気にせず許可して先へ進んでください。このあとも同じようにしてください。

6．XAMPPのインストールが始まります。

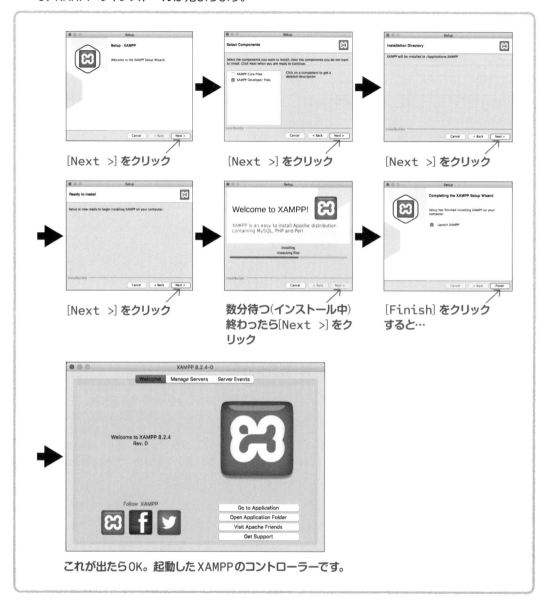

[Next >]をクリック　　　[Next >]をクリック　　　[Next >]をクリック

[Next >]をクリック　　　数分待つ（インストール中）　　[Finish]をクリック
　　　　　　　　　　　　　　終わったら[Next >]をク　　　すると…
　　　　　　　　　　　　　　リック

これが出たらOK。起動したXAMPPのコントローラーです。

7. XAMPPのコントローラーを起動します。

インストール直後は以上の流れでXAMPPのコントローラーが起動しますが、次回以降は、以下のようにしてアプリケーションから起動してください。

次回以降は、まずアプリケーションを
開き、[XAMPP] フォルダーの中の
「manager-osx」をダブルクリック
します。するとXAMPPのコントロー
ラーが起動します。

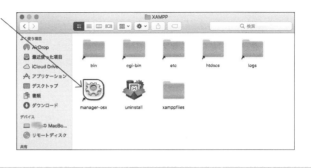

8. もし、パスワードを聞かれたら…

いつものパスワードを入力し、[OK] ボタンをクリックしてください。

Webサーバー「Apache」を起動しよう!（Macの方）

アプリケーションを開き、[XAMPP] フォルダーの中の「manager-osx」を起動してください。
すでに開いている場合はあらためて起動する必要はありません。

❶3つあるタブのまん中のタブをクリッ
ク
❷「Apache Web Server」をクリッ
ク
❸丸いマークがすでに緑色なら完了で
す。※❹以降はやらなくていいです。

❹丸いマークが赤なら、[Start] ボタン
をクリック
❺そのまま数秒〜数十秒間じっと待って
ください…

❻丸いマークが緑色になります。
これでWebサーバー Apacheが起動
しました。

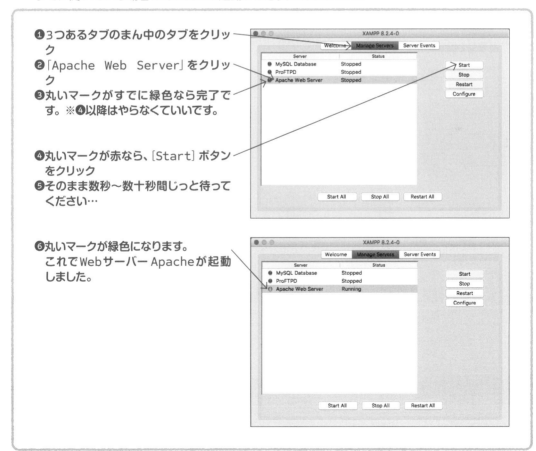

動作を確認しよう!(Windowsの方も、Macの方も)

Webサーバー「Apache」とは、ホームページを私たちに見せてくれるサーバーです。これが起動したので、ホームページを見るテストができるはずです。テストしてみましょう!

さあ、いつもお使いのブラウザソフト(Microsoft Edge、FireFox、Google Chrome、Safariなど)を起動して、このURLにアクセスしてください。

    http://localhost

このような画面が出たらOKです!

これでサーバーがタダで手に入ったことを確認できました。一昔前だったらマンションの1つも買えるくらいお金がかかったものです。こんなに簡単に、しかもタダでサーバーを手に入れることができるのですから、すごい時代になったものですね!

がんばろう！ パソコン設定編

タダでテキストエディタを手に入れよう！

プログラムはテキストエディタというソフトで書きます。
これもタダで手に入れる方法があるのです。

ところでプログラムって、何を使ってどこに書くのでしょう？ それがテキストエディタという
ソフトです。Windows に標準で用意されている「メモ帳」は誰でも使っていると思いますが、
あれをもっと便利にしたようなソフトです。

「TeraPad」を手に入れよう！

テキストエディタソフトもいろいろあります。こんな条件で探してみました。
- ・みんなに使われている定番のソフト
- ・タダで手に入るフリーソフト
- ・PHPのプログラムを書くのに適している

見つけたのは、寺尾進氏が作成した「TeraPad」です。Windows ユーザーの方は、このWebサ
イトからダウンロードして、インストールしてください。

https://tera-net.com

Mac ユーザーには「mi」！

Macで定番のフリーのテキストエディタは「mi」（mimikaki から改称）です。このWebサイ
トからダウンロードして、インストールしてください。

https://mimikaki.net

※本書をあなたが手にした時、これらのURLは変更されているかもしれません。その際は
Googleなどを使い、「terapad」や「mi」といった単語で検索してみてください。
※miをインストールしたままでは、文字の表示がとても小さいので、フォント表示を大きくし
た方がよいかもしれません。
※可能なら、全角スペースが表示される設定にしてみてください。

ＴｅｒａＰａｄを使いやすくしよう！（Ｗｉｎｄｏｗｓ）

Windowsユーザーの方は、TeraPadをこんな設定にしておくと、プログラムを組むときにとても楽になります。ぜひこの設定をしましょう！
「表示(V)」メニューの「オプション(O)」をクリックしてください。

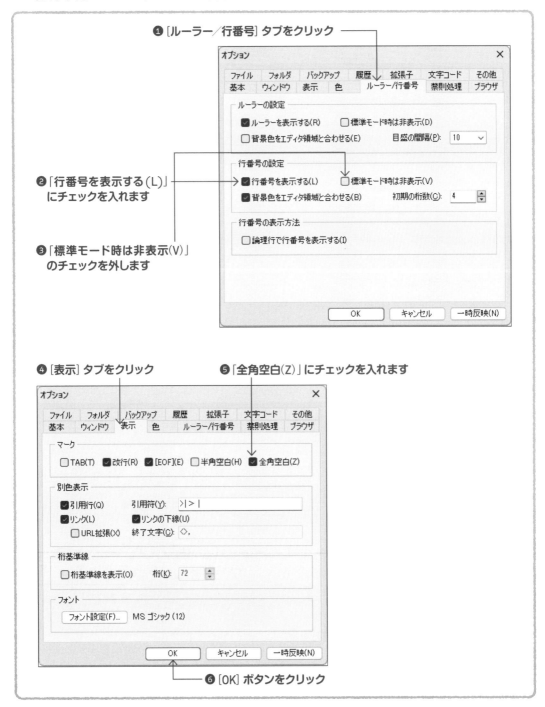

❶ [ルーラー／行番号] タブをクリック

❷ 「行番号を表示する(L)」にチェックを入れます

❸ 「標準モード時は非表示(V)」のチェックを外します

❹ [表示] タブをクリック

❺ 「全角空白(Z)」にチェックを入れます

❻ [OK] ボタンをクリック

Chapter 2-3

Chapter
1 なるほど！
心の準備編

Chapter
2 がんばろう！
パソコン設定編

Chapter
3 ワクワク！
プログラミング編

Chapter
4 ドキドキ！
データベース編

がんばろう！ パソコン設定編

この機能をOFFにしよう！

Windowsのパソコンは、購入時のままでは
プログラミングがしにくい設定になっているのです。

プログラミングを始める前に、パソコンの設定を一部変更しておきましょう。ごく簡単な設定変更なのですが、必ずやっておく必要があります。

ファイル名の表示の仕方を変える（Windows）

ファイルの名前って、

```
hello.txt
mitsumori.docx
```

というように、後ろに「.txt」等のおまけが付くのが普通です。Word文書なら「.docx」、Excelファイルなら「.xlsx」、HTMLページなら「.html」など。これを拡張子と言います。
ところが拡張子を表示せず、

```
hello
```

とか、

```
mitsumori
```

とだけ表示するようにする機能があります。新しいパソコンを買ってきた時には、たぶんこの機能がONになっていると思います。
これではプログラミングがとてもやりにくいので、この機能をOFFにしましょう。

1. まず、Windowsの[スタート]ボタンを右クリック。
2. 「エクスプローラ」をクリックするとエクスプローラの画面が開きます（この後もよく使います）。
3. 「フォルダオプション(O)」を開きます。開く操作はWindowsのバージョンごとに異なります。

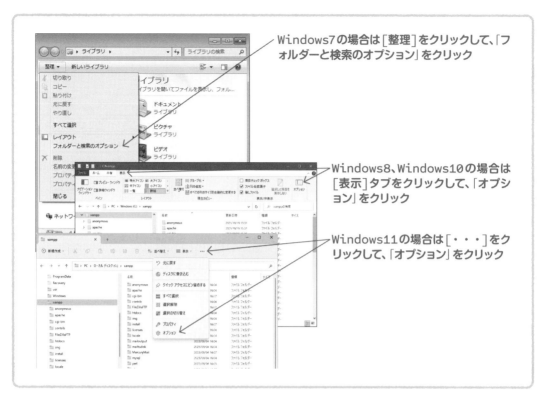

Windows7の場合は[整理]をクリックして、「フォルダーと検索のオプション」をクリック

Windows8、Windows10の場合は[表示]タブをクリックして、「オプション」をクリック

Windows11の場合は[・・・]をクリックして、「オプション」をクリック

4. フォルダオプションが開いたら、次の図のように設定をしてください。

❶「表示」タブをクリック

❷「登録されている拡張子は表示しない」のチェックを外します。

❸「OK」ボタンをクリック

これだけで、プログラミングがとてもやりやすくなります。

※なおMacの人は、特にOSの設定変更をする必要はないでしょう。

がんばろう！ パソコン設定編

最大の壁！ 文字化けってナニ!?

これが越えなければならない最初にして最大の壁です。

ついに来ました。初心者の前に大きく立ちはだかる「文字化け」問題。これが乗り越えられなくて、1行もプログラムを書くことなく、諦めていく人のなんと多いことでしょう。でも大丈夫です。まずは文字化けの正体を知りましょう。1ページ1ページ、焦らずコーヒーでも飲みながら、いっしょに進んでいきましょう！

文字化け問題って何？

Webサイトやメール本文の日本語がグチャグチャの表示になってしまう現象が文字化けです。え？ 知ってる？ 見たことあるって？ そうです。あなたも一度は見たことのあるあれです。あの文字化けを防止するために、裏では涙ぐましい努力がなされているのです。今度はあなたが文字化け対策をするのです。

ここからはうんちくが多くなります。興味がなければ読み飛ばしても構いません。でも…、知っておいた方がいいと思いますよ。正体を知れば、より理解しながら文字化け問題の壁を越えられると思うのです。

文字には背番号がある！

パソコンの世界では、「あ」は82A0番、「い」は82A2番…というように、ひらがな・カタカナ・漢字に1つ1つ背番号が振られています。プログラムの奥の奥では、この番号で文字を管理しているのです。ゴシック体で表示しようが、毛筆体で表示しようが、「あ」の背番号は82A0番で変わらないのです。

では、いったい誰がいつ、この背番号を振ったのでしょう。1980年代前半、マイクロソフトと日本企業数社が共同作業で背番号を振ったのです。そしてJIS規格に登録したのが「Shift_JIS(シフトJIS)」という文字コード規格です。

一方、UNIXというOSを乗せたワークステーションと呼ばれるコンピュータの世界があります。パソコンとは別の世界です。こちらの世界でも1980年代に、「あ」はA4A2番、「い」はA4A4番…と、背番号が振られました。これが「EUC-JP」という文字コード規格です。

Shift_JISとはまったく違う背番号でしたが、問題ありませんでした。だって、パソコンとは別の世界でしたから。あの時代が来るまでは…。

● code 2 - 1

ついにやってきた1995年!

1995年、Windows95が発売され、ついにインターネット時代の到来です。とんでもないことが起こりました。なんと、Windowsのパソコンで、UNIXサーバーのホームページを見に行く時代がやって来たのです。Shift_JISとEUC-JPがモロにぶつかってしまいます。

これが文字化けの原因だ!

Shift-JISとEUC-JPのやりとりで文字化けしないように、プログラムでコード変換、つまり翻訳をしなければならなくなりました。これに失敗したときに起こるのが、そう、文字化けです。つまり文字化けとは、文字コード変換の失敗のことだったのです!

PHPはサーバー側で動くから文字コードは…

PHPのプログラムやWebサイトは、サーバー側で動作します。サーバーは多くの場合、UNIXやLinuxで構成されています。だからPHPやWebサイトは、サーバー側の文字コードで記述します。ということはEUC-JPになるのでしょうか。はい、正解でした。2000年代までは…。

EUC-JPは使いません！

「なんで？ だってサーバーはUNIXとかLinuxでしょ？ だったらEUC-JPじゃないですか。」

その通りです。しかし2000年代後半くらいから、「究極の文字コード」が急速に普及してきたのです。それが「UTF-8」です！

究極の文字コード「Unicode」

UTF-8は、Unicode（ユニコード）という文字コードの一種です。Unicodeは「世界中すべての文字に背番号を振って使えるようにしよう」という考え方に立った規格です。ついに日本の携帯電話の絵文字にまで背番号が振られました。「そこまでやるか！」というくらい徹底してやるのです。なので、UTF-8にしておけば、この先よほどの技術革新がない限り安心して使うことができます。今では日本のWebサイトのほとんどがUTF-8になりました。

* code 2 - 2

2000年代後半から、文字コードは急速にUTF-8に移行した！

がんばろう！ パソコン設定編

これが文字化け対策だ！

文字化け対策は避けて通れません。ここでその方法をお教えします。

PHPやWebサイトの日本語は、UTF-8で書けばよいことが分かりました。でも、何をどうしたらいいのでしょうか？ まず、サーバーをUTF-8化します。そして次は、テキストエディタのUTF-8化です。さあ、1つ1つやっていきましょう。

サーバーにアップロードするってどういうこと？

ホームページ（Webサイト）を作ったことはありますか？ 作ったことのある方はご存知だと思います。作ったことのない方も大丈夫です。そういうものだと思って読んでください。

通常Webサイトは、まずパソコンの中で作ります。インターネットで閲覧できるようにするためには、作ったWebサイトのファイルを、あなたが借りたサーバー（世界のどこかに設置されているUNIXやLinuxのコンピューター）の中にある特別なフォルダにコピーしなければいけません。この作業をアップロードといいます。
本書で使うサーバーはXAMPPです。そう、あなたのパソコンの中に設置されているのです。XAMPPの中にある特別なフォルダにあなたが作ったWebサイトのファイルをコピーするだけで、アップロードしたのと同じことになります（インターネットからの閲覧はできませんが、本物のサーバーと同じ動作をしてくれます）。また、その特別なフォルダの中を直接編集することもできます。だって、あなたパソコンの中にあるのですから。

特別なフォルダ［htdocs］を探せ！

Webサイトをアップロードする特別なフォルダ、それは［htdocs］というフォルダです。
見つけましょう。これこそが、Webサイトのアップロード先なのです！
Windowsの方はCドライブ、Macの方はアプリケーションフォルダを開いてください。
［xampp］フォルダを見つけたら開いてください。たくさんのフォルダが見えますね。その中の1つが［htdocs］です。

作業用フォルダ［phpkiso］をつくろう！

［htdocs］フォルダの中に、フォルダ［phpkiso］を作りましょう。本書ではこの中にWeb
サイトやプログラムを作っていきます。

[htdocs]フォルダの中に、
[phpkiso]フォルダを作ってください。

WindowsのCドライブってどこ？

エクスプローラーで「コンピューター」もしくは「PC」を開いてください。そこ
にCドライブがあるのですが、あなたが購入した時点で、以下のようにいろい
ろな名前が勝手に付けられています。
・Winodws(C:)
・ローカル　ディスク(C:)
・ROKUMARUPC(C:)
大事なのはカッコの中の「 C: 」の文字です。この文字のあるドライブこそが
Cドライブです。Cドライブは1つのパソコンに1つしかありません。

サーバーをUTF-8化しよう！（Macの方は不要です）

WindowsのXAMPPは、インストールしただけでは、まだUTF-8にはなっていません。ま
ずは[phpkiso]フォルダの中の文字コードをUTF-8にします。その方法をお教えしましょ
う。
TeraPadを起動し、こんな文を打ってください。ちょっと大変ですが、半角文字で慎重に打
ってください。打つのが面倒な方は、コラムを参考にして、ダウンロードしてください。

```
php_value output_buffering OFF
php_value default_charset UTF-8
php_value mbstring.detect_order SJIS,EUC-JP,JIS,UTF-8,ASCII
php_value mbstring.http_input pass
php_value mbstring.http_output pass
php_value mbstring.internal_encoding UTF-8
php_value mbstring.substitute_character none
php_value mbstring.encoding_translation OFF
```

打ち終わったら、スペルミスがないか、うっかり全角で打ってしまっているところはないか、チェックしてください。何を書いているのか意味が分からなくてもOKです。もちろん意味はあるのですが、今は知らなくて問題ありません。こういうものだと思ってください。

大丈夫ですか？　それではTeraPadの「ファイル(F)」を開き、「名前を付けて保存(A)」をクリックします。[phpkiso]フォルダの中に、
　　　.htaccess
というファイル名で保存します。正確に打ってくださいね。保存する際、ファイルの種類は必ず「すべてのファイル(*.*)」を選んでください。これを忘れるとうまくファイルが作れません。ドット「.」で始まるし、拡張子もない特殊なファイル名だからです。

[phpkiso]フォルダの中はこうなりましたね？

「.htaccess」というのは特別なファイルです。サーバーはまずこの「.htaccess」を見てくれます。そしてこのファイルが存在するフォルダの中は、このファイルに書かれたルールに従う、という約束があるのです。そして先ほど慎重に書いてもらった文は、「このフォルダの中はUTF-8だよ」という指令になっているのです。
これ以上詳しい解説は省きますね。今は知る必要がありません。さあ、これでサーバーのUTF-8化は完了です。

.htaccessはダウンロードできます！

自分で作るのが面倒なあなたのために、文字コード指定ファイルをご用意しました。以下のURLからダウンロードできるようにしてあります。ダウンロードしたファイルを解凍すると、設定済みの.htaccessが手に入りますよ。

https://www.c60.co.jp/download/phpkisokai/htaccess.zip

TeraPadのUTF-8化！（Macの方は不要です）

TeraPadを起動してください。「表示(V)」を開いて、「オプション(O)」をクリックしてください。オプション画面が開いたら「文字コード」タブをクリックし、以下のような設定をしてください。

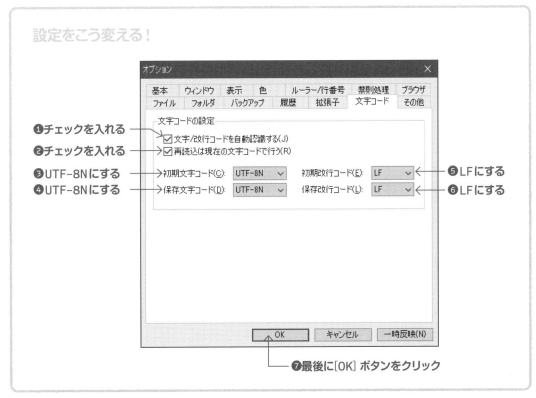

設定をこう変える！

❶チェックを入れる
❷チェックを入れる
❸UTF-8Nにする
❹UTF-8Nにする
❺LFにする
❻LFにする
❼最後に[OK] ボタンをクリック

「初期文字コード(C)」と「保存文字コード(D)」の選択肢には、それぞれ「UTF-8」と「UTF-8N」の2種類があると思います。「UTF-8N」の方にしてください。「N」のない方を選ぶと、識別用の3バイトデータ(BOMコードといいます)がファイル内に埋め込まれます。これがサーバーで嫌われて、プログラムが動かないことがあるのです。

さあ、これでテキストエディタTeraPadのUTF-8化が完了しました！

がんばろう！ パソコン設定編

雛形ファイルをつくろう！

毎回ゼロからプログラムファイルを作っていては大変です。
この先、少しでも楽をするための準備をしておきましょう。

プログラムはただ書けばいいというものではなく、お作法があります。プログラムの前後にお決まりの文が入らなければいけないのです。それを毎回書いていては大変です。ですので、コピーして使い回しができるお作法入りの雛形（ひながた）を作っちゃいましょう！

雛形「hina.html」をつくろう！

まずはTeraPad(以降、Macの方はmi)を起動してください。そして、以下の文章を慎重に打ってください。画面に表示する文字以外は半角ですよ！

● code 2-4

```
 1 <!DOCTYPE html>
 2 <html>
 3 <head>
 4 <meta charset="utf-8">
 5 <title>PHP基礎</title>
 6 </head>
 7 <body>
 8
 9 </body>
10 </html>
```

これが何だか分からないって？ いいんです。今は分からなくても問題ありません。それより、ミスのないように打ってくださいね。

大丈夫ですか？ ミスはないですか？ それではTeraPadの「ファイル(F)」を開き、「名前を付けて保存(A)」をクリックします。保存場所はどこでも構いません。うっかりいじってしまわないように、デスクトップにでも保存しましょうか。

    hina.html

というファイル名で保存してください。さあ、雛形ファイルができました。今後はこれをコピーして使い回します。とっても楽ができますよ！

hina.htmlはダウンロードもできます！

自分で作るのが面倒なあなたのために、すでに作成した雛形ファイルをご用
意しました。以下のURLからダウンロードできるようにしてあります。ダウ
ンロードしたファイルを解凍すると、設定済みのhina.htmlが手に入りま
すよ。

`https://www.c60.co.jp/download/phpkisokai/hina.zip`

設定ごくろうさまでした！

あなたは大きな壁を乗り越えたのです！

設定作業、どうでしたか？

大変でしたよね。

あなたをここまで導けたこと、

とても嬉しく思いつつ、ホッとしています。

多くの人がなぜ挫折してしまうのか、

なんとなく分かっていただけましたでしょうか？

もう大丈夫です。

あなたは乗り越えたのです。

この先には楽しい楽しい世界が待っています。

あなたはこれからプログラムを組むのです。

あんなに遠い世界と思っていた

プログラミングの世界、

さあ、次のページがその入り口です！

Chapter

3

ワクワク！
プログラミング編

プログラミングは楽しい！

この世にないものを作り出せる、それがプログラミングです。

設定ご苦労さまでした。

今までほとんどの方はここまで来れなかったのです。

さあ、楽しんでいきましょう！

プログラミングはお勉強するものではありません。

この世にない、あなただけのものを作り出せる、

そんな魔法のような楽しくて知的なワザなのです。

あのソフトだって、あのWebサイトだって、

海で釣ってきたものではありません。

樹になっていたわけでもありません。

作った人がいるんです。

さあ、あなたは将来何を作りたいですか？

ここからその一歩が始まりますよ。

☞ いってみましょう！ ☞

ワクワク！ プログラミング編

30分で覚えるHTML!

Webサイト（ホームページ）はHTMLというルールで書かれています。
まずは簡単なサイトを作ってみましょう。

PHPでプログラムを作る前にまずやっておくことがHTMLです。すでにHTMLを使いこなしている方はここは気楽に取り組んでください。HTMLを書いたことがない方は、ぜひともWebサイトが作られていく過程を楽しんでください。

HTMLってナニ？

Webサイトは HTML というルールで書かれています。文字の色・大きさ、写真をどう見せる、枠をどう見せる、そのルールがHTMLです。HTMLのルール通りに書かれた文字だけのファイルをブラウザで見ると、あら不思議！　デザインされた画面が現れるのです。面白そうでしょ？　まずは最も基本的なWebサイトを作ってみましょう。

※EdgeやFireFox、GoogleChromeなど、Webサイトを閲覧するためのソフトをブラウザと呼びます。本書でも今後はブラウザと呼ぶことにします。

まずサーバーを起動しましょう

　「がんばろう！　パソコン設定編」でやりましたね。もう一度XAMPPのコントロールパネルを起動してください。「Apache」を[Start] ボタンで起動させます。

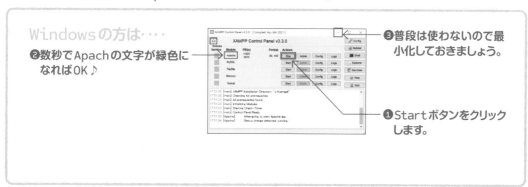

Windowsの方は・・・

❷数秒でApachの文字が緑色になればOK♪

❸普段は使わないので最小化しておきましょう。

❶Startボタンをクリックします。

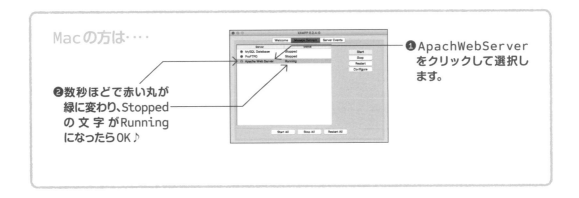

Macの方は・・・

❶ApachWebServer
をクリックして選択します。

❷数秒ほどで赤い丸が緑に変わり、Stoppedの文字がRunningになったらOK♪

雛形ファイルをコピーしてきます

「がんばろう！ パソコン設定編」で作った雛形ファイル「hina.html」を、「phpkiso」フォルダにコピーしてください。hina.htmlは今後も使いますので移動ではなくコピーをしてくださいね。そして、名前をwelcome.htmlに変更しましょう。さあ、これをいじっていきますよ！

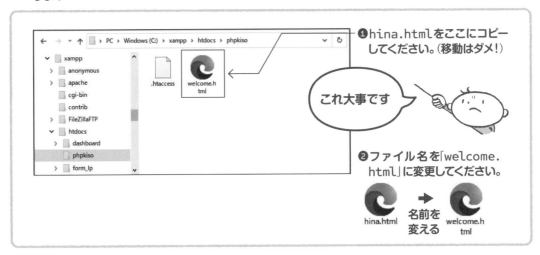

❶hina.htmlをここにコピーしてください。（移動はダメ！）

これ大事です

❷ファイル名を「welcome.html」に変更してください。

hina.html　→　名前を変える　→　welcome.html

TeraPadで開きましょう

welcome.htmlをTeraPadで開いてみてください。こんな画面になりますね?

● code 3-1

```
1  <!DOCTYPE html>
2  <html>
3  <head>
4  <meta charset="utf-8">
5  <title>PHP基礎</title>
6  </head>
7  <body>
8
9  </body>
10 </html>
```

タイトルは好きな文字に変えてOKです。

HTMLは<body>と</body>の
間に記述するのがルールです!

決まりごとであり、こういうものだと思ってください。

これはTeraPADが自動で表示する行番号です。入力はしないでくださいね。

HTMLは、<body> と </body> の間の行に記述していきます。これがルールです。その前と後、1～7行目と、9～10行目は「決まりごと」としてあまり気にしないでください。と言っても削除したり書き換えてはいけません。動かなくなるかもしれませんよ。ただし<title> と </title> の間はブラウザのタイトルバーに表示される文字ですので、好きな文字に変えてもOKです。

column

TeraPadで簡単に開くコツ!

「ファイル(F)」の「開く(O)」の……とやっていては大変です。簡単にファイルを開く方法があります。ファイルのアイコンを、すでに開いているTeraPadの画面にドラッグアンドドロップすればいいのです。新しいウィンドウで開いてくれますよ。これは楽です!

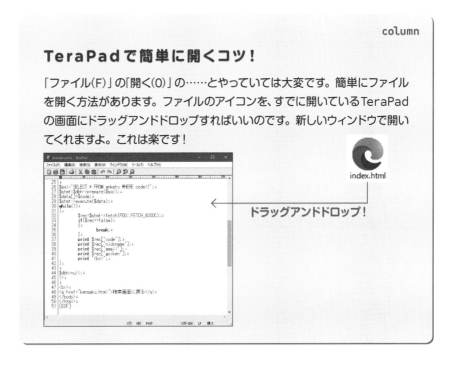

index.html

ドラッグアンドドロップ!

さあ、文字が画面に出るページを作ってみよう

初めてHTMLをやる方は、これが記念すべき人生初のWebサイトになります。経験者の方も動作確認の意味で必ずやってみてくださいね。さあ、<body> と </body> の間の9行目に、こんな文字を打ってみてください。

● code 3-2

```
 7  <body>
 8
 9  <font color="#ff0000">こんにちは</font>
10  </body>
```
数字のゼロです。

1〜6行目と11行目以降は誌面の都合で省略してますが、実際には削除したりしないでください。

打ち終わったらTeraPadで上書き保存してください（※今後、上書き保存の指示は省きます。修正したら上書き保存をするクセをつけてくださいね）。

ブラウザで見てみよう

ブラウザを起動して、今作ったWebサイトを見てみましょう。
URLは、 http://localhost/phpkiso/welcome.html です。
決して、welcome.html をダブルクリックで開いてはダメですよ。

どうですか？
こうなりましたか？

こうならない場合（エラー画面など）は何かが間違っています。よ～く探してみましょう。
最も多いケースはURLの打ちミスです。以下、違いが分かりますか？　原因はこんなつまらないことが多いのです。

　　　○http://localhost/phpkiso/welcome.html
　　　×http://localhost/phpkiso/wellcome.html
　　　　　　　　…welcomeのスペルがおかしい
　　　×http://localhost/phpkiso/welcome.htm
　　　　　　　　…htmlがhtmになっている
　　　×http://localhost/welcome.html
　　　　　　　　…サブフォルダ名phpkisoがない

画面が真っ白になってしまう方は、TeraPadの上書き保存忘れであることが多いです。
赤い文字にならない場合、<font　color="#ff0000">　のどこかにミスがあると思いますよ。

localhost ってナニ？

ブラウザでアクセスするときのURLの中に「localhost」という文字がありますね。いったい何なのでしょうか。これはXAMPPの中のhtdocsにアクセスするための文字です。つまり、本番のサーバーでいうところの「www.c60.co.jp」や「www.google.co.jp」に相当します。そう考えると、なるほど納得ですね。

```
http://localhost/phpkiso/index.html
http://www.c60.co.jp/index.html
http://www.google.co.jp/index.html
```

なぜ赤い文字で「こんにちは」と表示されたのでしょう？

HTMLは、
　　1. タグと呼ばれる文字で
　　2. 挟み込む
これが基本です。
　『<』と『>』で囲まれた文字をタグと呼びます。タグそのものは表示されません。どのように表示するかを指示するのがタグです。HTMLではいろんなタグが用意されています。ここでは<font>タグを使ってみました。

これが`<font>`タグだ!

必ず同じ文字になります。

閉じるタグにはスラッシュ「/」が付きます。

`<font color="#ff0000">こんにちは</font>`

「色を赤にしろ」という指示です。　表示したい文字
　#00ff00 … 緑
　#0000ff … 青
ほかにもたくさんの色が使えますが、
ここでは詳細は省きます。調べてください。

fontタグは文字の見た目を変えます。

`<font color="#ff0000">`というタグと、`</font>`というタグで挟み込んだ「こんにちは」の文字が、赤くなったワケです。

文字の大きさを変えられます

`<font>`タグではこんなこともできます。文字の大きさを変える指示を追加してみましょう!

```
 7 |<body>
 8 |
 9 |<font color="#ff0000" size="7">こんにちは</font>
10 |
11 |</body>
```

サイズの指定を追加。7は一番大きな文字サイズです。

上書き保存をしたら、ブラウザでさっそく見てみましょう!　ブラウザの再読み込みボタンを押せば表示画面が更新されます。

どうですか？
文字が大きく
なりましたね。

Chapter
1
なるほど…
の準備編

Chapter
2
がんばる？
パソコン設定編

Chapter
3
ワクワク！
プログラミング編

Chapter
4
ドキドキ…
データベース編

column

fontタグはもう使わない!?

そうなんです。今は、文字の色や大きさにはspanタグを使う時代なので、
fontタグは使わなくなりました。fontタグは古い方法ですが、HTMLがど
んなものかが分かりやすいので説明しました。ですので、本書でもこの後は
出てきません。
それでもくわしいことを知りたい方はぜひ、CSSという技術を調べてみてく
ださい。

写真が出るページにしてみよう！

次に写真が出るページに改造してみましょう。お好きな写真ファイルを用意してください。
そしてその写真ファイルを「phpkiso」フォルダにコピーしてください。ここではsample.
jpgという貝殻の写真を例に使ってみます。

column

この画像が欲しい方はダウンロードできます！

画像の用意が面倒なあなた、以下のURLか
らこの画像をダウンロードできますよ。ダウ
ンロードしたファイルを解凍すると、これと
同じ画像sample.jpgが手に入りますよ。

https://www.c60.co.jp/download/phpkisokai/sample.zip

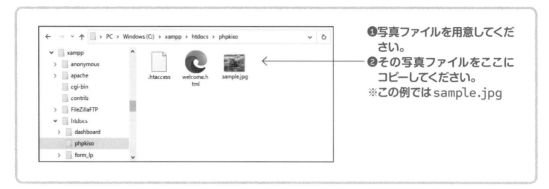

❶写真ファイルを用意してください。

❷その写真ファイルをここにコピーしてください。

※この例ではsample.jpg

welcome.htmlの10行目に、こう追加します。

● code 3-5

```
 7 <body>
 8
 9 <font color="#ff0000" size="7">こんにちは</font>
10 <img src="sample.jpg">←──────────こう追加する！
11
12 </body>
```

写真が出ますよ！

ブラウザを再読み込みしてみましょう。

どうですか？
こんなページが
出ましたか？

こういう楽しい画面にならずに、写真が×マークになってしまうことがあります。それは何かが間違っています。写真が出るまでよ～く見直してみましょう。

最も多いケースは写真のファイル名の打ち間違いです。よくスペルを確認してください。HTMLタグは半角ですよ。全角で打ってしまうとおかしくなります。また、上記sample.jpgはあくまでも例ですので、あなたが用意した写真のファイル名を指定してくださいね。

なぜ写真が出たのでしょう？

HTMLのもう1つの書き方、

1. タグと呼ばれる文字で
2. 挟み込まない

これも基本の1つです。

`<img>`タグには、挟み込むための`</img>`というタグは存在しません。タグで挟んで文字の見せ方を指示するわけではないからです。そういうタグもあるのです。

これが`<img>`タグだ！

`<img src="sample.jpg">`

写真のファイル名を指示します。

imgタグは写真を表示します。

おぼえましょう

改行してみましょう！

「こんにちは」と写真が横に並んでカッコ悪いので、改行してみましょう。
`welcome.html`の10行目に追加します。

● code 3-6

```
 7 |<body>
 8 |
 9 |<font color="#ff0000" size="7">こんにちは</font>
10 |<br>←―――――――――――――――――――――――――――――――――こう追加する！
11 |<img src="sample.jpg">
12 |
13 |</body>
```

スッキリ改行！

ブラウザを再読み込みしてみましょう。

こうならずに、画面に
　と表示されてしまうことがあります。何かが間違っています。全角で打ってしまったのかもしれませんね。HTMLは必ず半角で打ってくださいね。

● code 3-7

これが改行をする
タグだ！

```
<br>
 ↑
br タグは改行です。
```

column

と

どちらの書き方をしても改行します。どちらがよいか、時代や人によって意見が分れたりします。以前は、どちらかというと
の方がよいと言われていましたが、現在のHTML5の世界では
の方がよいとされています。

ネットサーフィンの仕組みを作ってみましょう！

クリックするだけで次のページへ飛ぶ、その仕組みを「ハイパーリンク」と言います。ハイパーリンクの仕組みを利用して次から次へとWebサイトを渡り歩いていくことを「ネットサーフィン」と言います。では簡単なハイパーリンクの仕組みを作りましょう！

● code 3-8

```
 7 <body>
 8
 9 <font color="#ff0000" size="7">こんにちは</font>
10 <br>
11 <a href="konichiwa.html"><img src="sample.jpg"></a>
12            ↑        こう追加します。        ↑
13 </body>
```

<a> ～ </a>タグで挟み込まれた間にリンクが張られます。この例では、写真にリンクを張ってみました。写真をクリックしたらkonichiwa.htmlへ飛ぶはずです。ですので、次は飛び先であるkonichiwa.htmlを作ります。hina.htmlをコピーしてからkonichiwa.htmlに名前を変えてください。

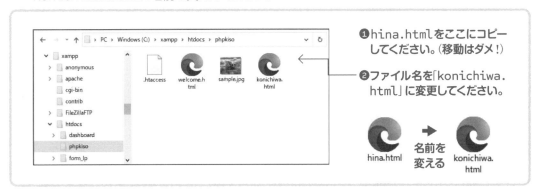

❶hina.htmlをここにコピーしてください。（移動はダメ！）

❷ファイル名を「konichiwa.html」に変更してください。

konichiwa.htmlをTeraPadで開いて、9行目を追加してください。

● code 3-9

```
 7 <body>
 8
 9 このページにハイパーリンクで飛んできました!!←――――こう追加する！
10
11 </body>
```

さあ、ネットサーフィンしてみましょう！

ブラウザを再読み込みしてください。そして、写真をクリックしてみましょう！

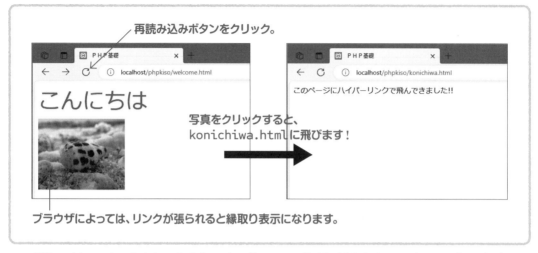

どうですか？　ちゃんとkonichiwa.htmlのページに飛びましたか？　もし飛ばない場合は、何かが間違っています。よ〜く見て直してください。スペルミス以外にありがちなのは、ブラウザの再読み込み忘れです。どうですか？

• code 3-10

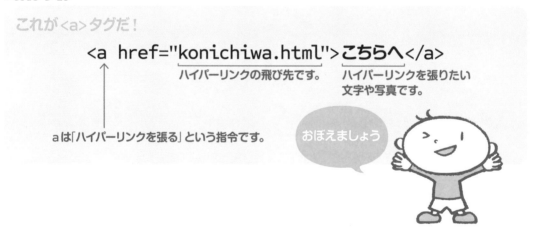

本書はプログラミング技術を身に付ける本

本書はプログラミング技術を身に付けるための本です。そのため、CSSに代表されるようなホームページデザインに関する技術は一切登場しません。あなたがプログラミングに集中できるように、あえてそうしたのです。デザインとプログラミングはまったく異なるからです。

ワクワク！ プログラミング編

初めてのPHPを体験しよう！

プログラミングはいきなり体験することが大切！

「とにかくやってみる」、これが本書のポリシーです。初めてのPHPだって恐れることはありません。やってみれば分かりますから。さあ、やってみましょう！

これがPHPだ！

まずはいつものようにhina.htmlをコピーしてきて、ファイル名をcheck.phpに変更してください。拡張子（.htmlとか.phpなど）を変更すると、本当に変更していいのか聞かれますが、OKですので構わず変更してください。

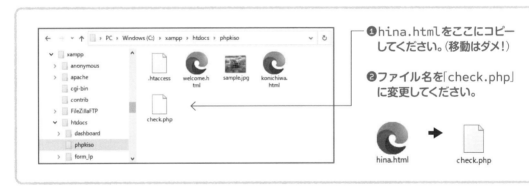

❶hina.htmlをここにコピーしてください。（移動はダメ！）

❷ファイル名を「check.php」に変更してください。

PHPのプログラムは、『<?php』と 『?>』の間に書くのがルールです。

● code 3 　11

これがPHPを書く場所だ！

```
<?php

    ここにPHPのプログラムを書いていきます。

?>
```

おぼえましょう

check.phpをTeraPadで開いて、こう打ってみましょう。

● code 3 - 12

```
 7 |<body>
 8 |
 9 |<?php
10 |print 'ようこそ';
11 |?>
12 |
13 |</body>
```

ドキドキしますね。さあ、初めてのPHPのプログラムをブラウザで動かしてみましょう。
URLは、 http://localhost/phpkiso/check.php です。

どうですか!? こんな画面が出たら初めてのPHPのプログラムに成功です！

おめでとうございます！

なぜ「ようこそ」と表示されたのでしょう？

それは「画面に表示せよ」という命令である、print命令が実行されたからです。

● code 3 - 13

これがprint命令だ！

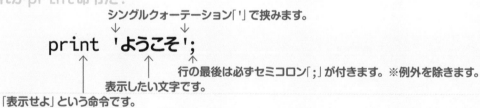

シングルクォーテーション「'」で挟みます。

print 'ようこそ';

行の最後は必ずセミコロン「;」が付きます。※例外を除きます。

表示したい文字です。

「表示せよ」という命令です。

これが PHP のスゴさだ！

ブラウザに「ようこそ」が表示されている状態で、ブラウザからcheck.phpを覗いてみましょう。なんでそんなことするのかって？これがスゴいのです!! ブラウザの何も表示してい

ない場所を右クリック⇒「ページのソース表示」で覗くことができます。
※ブラウザによって覗き方が異なる場合があります。それぞれ調べてください。

するとこんな画面が出ます。分かりますか!?　さっき書いたはずのPHPプログラムが見えないのです!

● code 3　14

```
<!DOCTYPE html>
<html>
<head>
<meta charset="utf-8">
<title>PHP基礎</title>
</head>
<body>

ようこそ ←────── あれ!?さっき書いたプログラムが見えない!!
</body>
</html>
```

のぞき見
されません!

まるでHTMLだけで「ようこそ」が表示されるように作ったとしか思えませんね!?
そうなんです、これがPHPのスゴさのひとつです。print　という命令で表示させた文字しか見えないのです。だから、プログラムを覗き見されることもなく、堂々とHTMLと同じように書けるのです。「私の書いたプログラムを他人に見られたくないな〜」という心配はいりません。安心してプログラムをジャンジャン書けるのがPHPなのです。
さあ、少しずつ本書の目的であるアンケートシステムを作っていきましょう。大丈夫です。ひとつひとつ焦らずにやっていけばできますよ。

column

printと**echo**の違いは?

print命令の代わりにecho命令を使う場合があります。厳密には違うのですが、ほとんど同じと思っていいでしょう。システム屋さんはprint、クリエイター屋さんはechoを使う人が多かったりします。

```
print 'こんにちは';
echo 'こんにちは';
```
ほとんど同じ

ワクワク！ プログラミング編

アンケート入力ページをつくろう！

これが本書で作るWebサイトのトップページになりますよ。

本書で作りあげていく「アンケートシステム」のアンケート入力ページを作ってみましょう。いよいよ画面から文字の入力ができますよ。

アンケート入力ページは最終的にこんな見た目になります！

これがフォームだ！

アンケートを入力してもらうテキストボックスや、アンケートを送信するボタンを出していきます。それを実現するのが＜form＞タグです。それでは作っていきましょう！

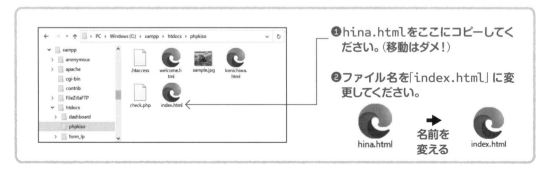

index.htmlをTeraPadで開いて、こんな<form>タグを打ってみましょう。

● code 3 15

```
 7 |<body>
 8 |
 9 |<form>
10 |</form>
11 |
12 |</body>
```

さっそくindex.htmlをブラウザで見てください。
URLは、　http://localhost/phpkiso/
index.html　ですよ。
どうですか？ 何も出ないって？ 画面は真っ白??
そうです、<form> ～ </form>だけでは何も出な
いのです。テキストボックス（文字を入力する枠）を
画面に出すには、<form>と</form>の間に
<input>タグを挟み込む必要があるのです。10
行目を追加して、アンケートに入力してもらう「ニッ
クネーム」のテキストボックスを出してみましょう！

なんでindex.html という名前にしたの？ column

Ｗｅｂサイトのトップページには
index.htmlと名付ける慣習が
あります。インターネットの創世
記、トップページは目次（インデッ
クス）ページでした。その頃の名
残りなのです。今、あなたは本書
で作るアンケートサイトのトップペ
ージを作ったワケです！

● code 3 16

```
 7 |<body>
 8 |
 9 |<form>
10 |<input name="nickname" type="text" style="width:100px">
11 |</form>
12 |
13 |</body>
```

え？急に難しくなったって？　大丈夫です。後で解説しますから。よ～く見れば「へぇ、そうな
ってるんだ」って分かりますよ。ではブラウザで見てみましょう（先ほどの表示のままで再読み
込みすれば更新されます）。

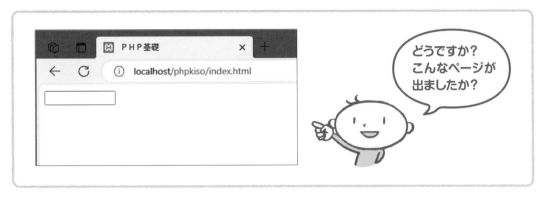

● code 3 - 17

これが`<input>`タグだ！　　　　　　　※必ず`<form>`～`</form>`タグに挟み込みます。

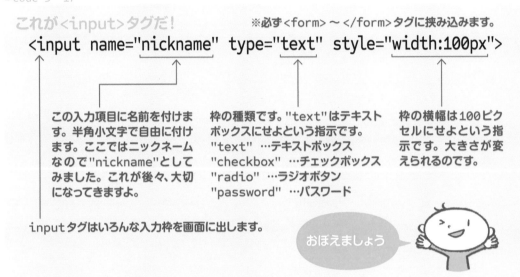

`<input name="nickname" type="text" style="width:100px">`

この入力項目に名前を付けます。半角小文字で自由に付けます。ここではニックネームなので"nickname"としてみました。これが後々、大切になってきますよ。

枠の種類です。"text"はテキストボックスにせよという指示です。
"text" …テキストボックス
"checkbox" …チェックボックス
"radio" …ラジオボタン
"password" …パスワード

枠の横幅は100ピクセルにせよという指示です。大きさが変えられるのです。

inputタグはいろんな入力枠を画面に出します。

おぼえましょう

こうして、いろんな種類の入力枠を出すことができます。

では、ボタンはどうやって出すのでしょうか？　実は送信ボタンもこの`<input>`タグを使って出します。type="submit"とすると送信ボタンになります。11行目にボタンを出す文を追加してみましょう。

● code 3 - 18

```
 7 <body>
 8
 9 <form>
10 <input name="nickname" type="text" style="width:100px">
11 <input type="submit" value="送信">
12 </form>
13
14 </body>
```
　　　　　　　　　　送信ボタン　　　　ボタン表面に出したい文字

改造したindex.htmlをブラウザで見てみましょう。再読み込みでいけますよ。

では[アンケート送信]ボタンをクリックしてみましょう！ え!?何も起きないって？ 何度も
クリックしてみましょう。それでも何も起きない!?

そうなんです。実はボタンを表示しただけでは何も起きないのです。ボタンをクリックしたら
次のページへ飛びたいですよね。先ほど作ったcheck.php へ飛ばすようにしましょうか。
つまり、[アンケート送信]ボタンをクリックしたら「ようこそ」と画面に出るWebサイトにして
みます。

どうしたら次の画面に飛ばせるのでしょうか？ 「<a>タグでリンクを張ればいいのでは?」そ
う思った方、素晴らしいです！ ずいぶん前のページでやったことを思い出せていますね。分
からなかった人はどんどん前のページを見返してみましょう。

ところが、残念ながら<a>タグはボタンには使えないのです。「え〜！ <a>タグでリンクを張
るのではダメなの?」 そうなんです。ハイパーリンクでただ飛ぶだけでは、せっかく入力され
たデータが全部消えてしまうのです。

でも大丈夫。実は<form>タグは、submitボタンを押されたら、入力されたデータを引き
連れて指定のページへ飛ぶ機能を持っているのです！

● code 3 - 19

```
 7 |<body>
 8 |
 9 |<form method="post" action="check.php">←──── 飛び先をこう追加する！
10 |<input name="nickname" type="text" style="width:100px">
11 |<input type="submit" value="送信">
12 |</form>
13 |
14 |</body>
```

11行目でボタンが表示されます。このボタンを押されたときの飛び先を、9行目にこのように指定するのです。では、ブラウザで見てみましょう！

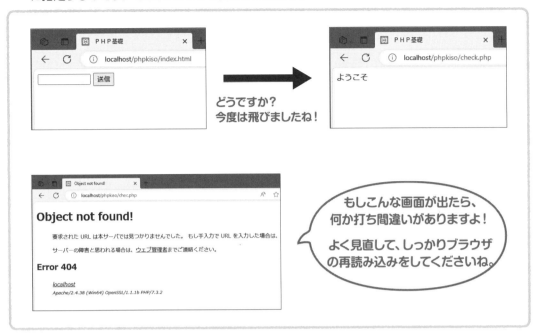

● code 3 - 20

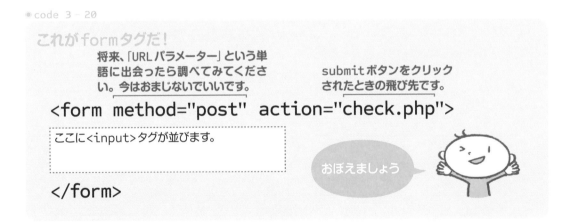

check.phpに飛んで、「ようこそ」が出るサイトは作れました。でも、テキストボックスで入力されたデータはどこへ行ったのでしょう？

大丈夫です。ちゃんとcheck.phpに引き渡されています。まだそれを受け取っていないだけです。次は、このデータを受け取って画面に表示してみましょう！

その前に…

ちょっとページがさみしいですね。index.htmlを改造して、もう少し楽しげにしてからにしましょう。

● code 3　21

```
 7 <body>
 8
 9 <form method="post" action="check.php">
10 ニックネームを入力してください。<br> ←───── 項目タイトルです。
11 <input name="nickname" type="text" style="width:100px"><br>
12 <br>
13 <input type="submit" value="送信">
14 </form>
15                ───── 見やすくするために改行を入れましょう。─────
16 </body>
```

表示してみてください。どうですか、グッとアンケートシステムっぽくなってきましたね。

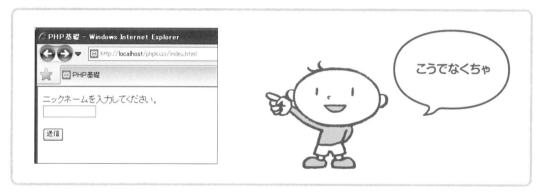

ワクワク！ プログラミング編

前のページからデータを受け取ろう！

PHPの基本中の基本の動作がここで理解できます。

入力されたデータを受け取ることができれば、いろんなことが可能になってきます。ここでは、「ようこそ」の後にニックネームを出して、その後に「様」を出すことで、「ようこそ○○様」となるようにしてみましょう。

それではcheck.phpにこのように追加してください。

● code 3 - 22

```
 7 |<body>
 8 |
 9 |<?php
10 |print 'ようこそ';
11 |print $_POST['nickname'];  ←──────── 追加します。大文字小文字を正確に。
12 |print '様';  ←──────── 追加します。
13 |?>
14 |
15 |</body>
```

さあ、プログラムっぽくなってきましたね。まずは動かしてみましょう！

エラーは恐くない！

人によってはそろそろエラーが出始める頃ですが、どうですか？　もしこのようなエラーが出ても恐れることはありません。

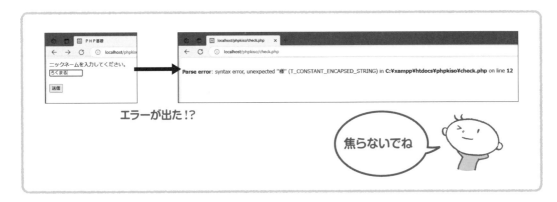

エラーが出た！？

焦らないでね

エラーはベテランのプログラマーでも必ず出るものです。長いプログラムを手で打つのですから、間違えて当たり前なのです。むしろ一発でプログラムが動いたら「本当か!?」と疑った方がいいくらいです。

エラーの対処法にはだいたいお決まりのパターンがあります。コラムで対策をお教えしてますので、まずはパラパラとコラムをご覧下さい。そしてエラーの原因箇所を直しましょう。つまらないスペルミスであることが多いです。エラーがなくなったら、ここに戻ってきてくださいね。

エラーは取れたけど…

「エラーはなくなったみたいだけど、『ようこそ様』しか出ないんです…」という方。

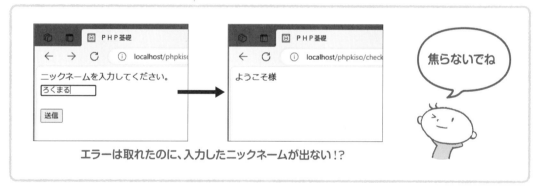

焦らないでね

エラーは取れたのに、入力したニックネームが出ない!?

はい。これもよくあるケースです。エラーが出ていないので、プログラムは動いています。ただ、何かが間違っているんですね。これをバグ(Bug)と言います。そうです、よく聞くバグがこれです。例えば、nicknameのスペルは合ってますか？　その他、よ～く見直してみてくださいね。

≡ データが受け取れた!

さあ、エラーやバグが取れたらこんな画面が出ましたよね?

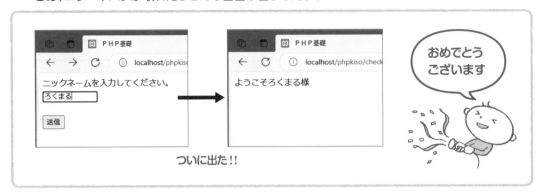

ついに出た!!

おめでとうございます! ついにページ間でのデータの受け渡しに成功しました。さあ、仕組みを知りましょう。

● code 3 - 23

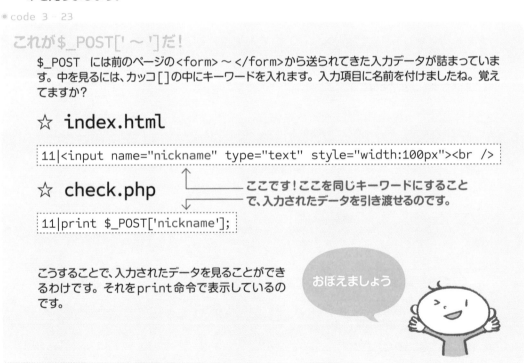

これが$_POST[' 〜 ']だ!

$_POST には前のページの<form> 〜 </form>から送られてきた入力データが詰まっています。中を見るには、カッコ[ ]の中にキーワードを入れます。入力項目に名前を付けましたね。覚えてますか?

☆ index.html

```
11|<input name="nickname" type="text" style="width:100px"><br />
```

☆ check.php

ここです!ここを同じキーワードにすることで、入力されたデータを引き渡せるのです。

```
11|print $_POST['nickname'];
```

こうすることで、入力されたデータを見ることができるわけです。それをprint命令で表示しているのです。

おぼえましょう

分かりましたか? print命令が3行あります。10行目で「ようこそ」を表示し、11行目で入力されたデータを表示し、12行目で「様」を表示しています。改行を入れてないので、続けて「ようこそ○○様」と表示されるわけです。けっこう単純な仕組みなんですよ。

これがエラーメッセージの種類だ！

Parse error　　　最も多く見られるエラーです。ほとんどこれです。「何書いてるのか分からない」とサーバーがギブアップしているのです。この行のプログラムは実行されずに止まります。

Fatal error　　　致命的エラーと呼ばれます。でも恐がる必要はありません。やっぱり何かが間違っているのです。プログラムは正しくて、サーバーがダウンしている場合などにも出ることがあります。

Warningまたは　　これらはエラーではありません。「ホントにいいの?」と、サーバーが教えて
Notice　　　　　くれているのです。

デバッグのテクニック①　　〜スペルミス〜

正しいようでも、よ〜く見るとやっぱりスペルが違っていることがよくあります。
下の違い、分かりますか?

```
正しい  html_entity_decode(
エラー  html_entry_decode(
エラー  html_entity_decord(
```

デバッグのテクニック②　　〜全角文字になっている〜

プログラムのどこかが全角になっていませんか?　半角で書くのがルールです。

```
正しい  print 'こんにちは';
エラー  print 'こんにちは';　←―――― セミコロンが全角
エラー  print 'こんにちは';←―┐
エラー  print 'こんにちは';
         ↑
       Pが全角              シングルクォーテーションが全角、セミコロンが全角
```

変数ってなんでしょう!?

変数を知ればプログラミングの自由度がグンと広がります。

変数ってナニ？ 解説はいくらでもできます。でもその前に、動かしてみましょうよ。

check.phpをこんな感じに改造してみてください。

● code 3 - 24

```
 7 <body>
 8
 9 <?php
10 $nickname=$_POST['nickname'];   ←── 追加します。
11 print 'ようこそ';
12 print $nickname;  ←──────── こう変更します。
13 print '様';
14 ?>
15
16 </body>
```

ブラウザを再読み込みしてニックネームを入力し、[アンケート送信]ボタンをクリックしてみてください。どうですか？全く動作は変らないですね。「ようこそ○○様」と出たはずです。もしエラーになったり、「ようこそ様」となってしまったら、何かが間違ってますので直してくださいね。

この改造は何だったのでしょう？ そもそも、$nickname ってナニ？

column

TeraPadもブラウザも開きっぱなしが楽♪

プログラムを修正したら上書き保存しますが、閉じる必要はありません。閉じてしまうと、また読み込まなければいけないですね。これは毎回大変です。ブラウザもそうです。毎回閉じて開いてURLを入力していてはたまりません。再読み込みボタンで更新すればいいんです。「開きっぱなし」が楽をする鉄則ですよ。

$nicknameの正体は「変数」!

● code 3　25

これが変数だ!

変数とは、数字や文字をコピーしておける箱のようなものです。この例は「$nickname」ですが、名前は自由に付けられます。今はまだメリットが分からないですよね。やがて便利この上ない必需品になってきますので、今から知っておきましょう。

$nickname

変数名は半角小文字で自由に付けられます。$nicknameがイヤなら、$onamaeでも、$adanaでも、$zokumeiでも構いません。ただし、混乱してくるので、<input>タグの「name=" ～ "」で付けた項目名と同じにしておいた方が無難です。

変数は必ず「$」で始まります。

おぼえましょう

● code 3　26

変数にデータをコピーする!

$nickname='ろくまる';

プログラミングの世界でイコール「=」は、右から左へコピーせよを意味します。

コピーした後で、print $nickname;を実行すると、「ろくまる」が表示されます。
以下のような書き方はダメです。
　× print '$nickname';
これを実行したら「$nickname」と画面に出してしまいます。
「'」と「'」でくくってしまったら、くくった文字そのものが出るのです。
変数の内容を画面に出したいときはくくってはいけないのです。

これから$_POST[' ～ ']は、一旦変数にコピーして、その変数の内容を表示するようにしましょう。なぜって?　今はまだピンと来ないと思いますが、入力項目が増えてくると分かってきます。後々プログラムがスッキリしてくるのです。なので、今から$_POST[' ～ ']の内容はプログラムの最初で変数にコピーしてしまうクセを付けましょう。

ワクワク！ プログラミング編

コンピュータに考えさせよう！

if命令もプログラミングの基本の1つ。
コンピュータに自動で考えさせることができます。

もしニックネームが入力されないまま［アンケート送信］ボタンをクリックされたらどうなるでしょう？　ちょっとユーザーの気分でやってみてください。たぶん画面には「ようこそ様」と出ているはずです。入力されていないのだから当然ですね。でもこれは変です。もし入力されていないときに「ニックネームを入力してください」と注意を出せたら、Ｗｅｂシステムっぽくていいですよね。さあ、これからその処理を作っていきます。それを実現する「if」命令をご紹介しましょう！

● code 3 - 27

これがif命令だ！

もし○○○と□□□が同じならAを実行、そうでなければBを実行する、という動きをします。

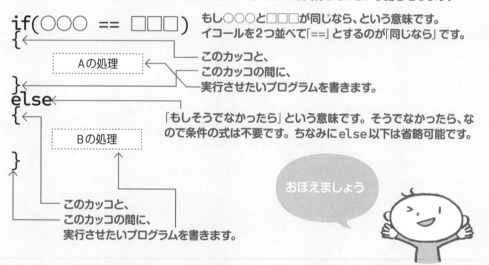

```
if(○○○ == □□□)
{
    A の処理
}
else
{
    B の処理
}
```

もし○○○と□□□が同じなら、という意味です。
イコールを2つ並べて「==」とするのが「同じなら」です。

このカッコと、
このカッコの間に、
実行させたいプログラムを書きます。

「もしそうでなかったら」という意味です。そうでなかったら、なので条件の式は不要です。ちなみにelse以下は省略可能です。

このカッコと、
このカッコの間に、
実行させたいプログラムを書きます。

おぼえましょう

どうですか？分かりますか？　ちょっと例を示しますね。この例は実際にやらなくてもいいですが、まずはじっくり眺めて理解してください。あとでやりますから。

ifの動きを見てみよう!

● code 3 - 28

ifの使用例

これをじっくり眺めて理解してください。

これ大事です

例1

```
print '本日は';
$a='あ';
$b='あ';
if($a == $b)
{
    print '晴れ。';
    print '暖かい一日';
}
else
{
    print '雪。';
    print '寒い一日';
}
print 'になるでしょう。';
```

$aも'あ'、$bも'あ'で同じなので、こうなります。

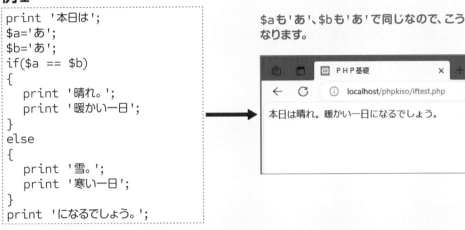

PHP基礎

localhost/phpkiso/iftest.php

本日は晴れ。暖かい一日になるでしょう。

例2

```
print '本日は';
$a='あ';
$b='い';
if($a == $b)
{
    print '晴れ。';
    print '暖かい一日';
}
else
{
    print '雪。';
    print '寒い一日';
}
print 'になるでしょう。';
```

$aが'あ'、$bが'い'で異なるので、こうなります。

PHP基礎

localhost/phpkiso/iftest.php

本日は雪。寒い一日になるでしょう。

どうですか?理解できましたか? 「ん〜いまいち…」という方は、上記を何度も見返してください。焦らないで! じっくりです。「あ〜、なるほどね。なんか分かった気がする!」となったら次へお進みください。ここが分からないまま先に進むと、混乱してきます。急がば戻れ!これ大事ですよ。

入力チェック機能を付けよう！

不特定多数の人が使う画面は、最低限の入力チェック機能を備えているべきです。
if命令を使えば「必須入力チェック」機能を作れますよ。

If命令の動き、なんとなく分かったところで、さっそくいってみましょう！ もしニックネームが入力されずに［アンケート送信］ボタンが押されて飛んできたら、「ニックネームが入力されていません。」と注意文を表示します。もしニックネームが何かしら入力されていたら、「ようこそ○○様」と表示します。

では、check.phpを改造してみましょう！

● code 3 - 29

```
 7 <body>
 8
 9 <?php
10 $nickname=$_POST['nickname'];
11 if($nickname=='')  ←
12 {
13     print 'ニックネームが入力されていません。';
14 }
15 else  ←
16 {
17     print 'ようこそ';
18     print $nickname;
19     print '様';
20 }
21 ?>
22
23 </body>
```

もし$nicknameの内容と空っぽが同じなら、ということ。シングルクォーテーションを2個並べると「空っぽ」を意味します。

そうでなかったら。つまり空っぽでなければ、ということ。

さあ、動かしてみましょう！

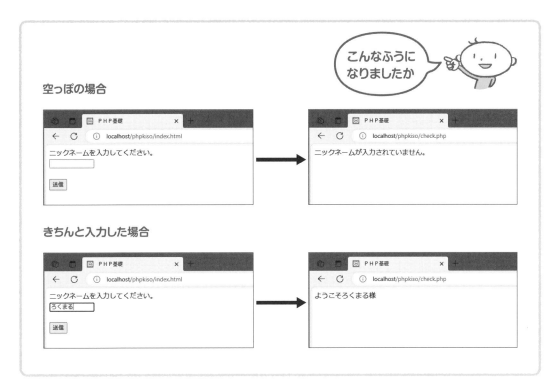

こうなりましたか？

エラーが出た、動作がおかしい、そんな場合は、じっくりと見直してください。エラーの対処方法はコラムで何回かに渡って書いてますのでページをめくってみてください。

これが if 命令です。スゴいでしょ？　自動で判断してくれるんです！

---

column

デバッグのテクニック③　〜全角スペースが混入〜

プログラムのどこかに全角スペースがありませんか？
見えないので見つけにくいのですよ。

```
正しい  print 'こんにちは';
エラー  print 'こんにちは';
               ↑
        スペースが全角に
```

デバッグのテクニック④　〜前の行が悪い〜

どう見ても正しい場合は、前の行にミスがあるかもしれませんよ。

```
print 'こんにちは'  ←──────── セミコロンが抜けてます。
print 'おはよう';   ←──────── でもエラーはこの行だと言われます。
```

前の行も正しい場合は、さらに前の行かもしれません。

段差（インデント）を付けて書きましょう！

{ と } の間の行は、先頭にタブを入れて（キーボード左端の[Tab]キーを押します）段差を付けて書きます。インデントと言って、とても大切な書き方です。

ベッタリ書くと、とても分かりにくいプログラムになってしまうのです。

```
if($name=='abc')
{
print 'こんにちは';
if($tenki=='hare')
{
print 'いい天気ですね';
}
}
```

こう書けば全体の構造が分かりやすいですね。必ず意識して書いてくださいね。

```
if($name=='abc')
{
    print 'こんにちは';
    if($tenki=='hare')
    {
        print 'いい天気ですね';
    }
}
```

ここにもインデントが入ってるのが分かりますか？

ここにインデントが入ってますね。

ワクワク！ プログラミング編

HTMLとPHPはぜんぜん違うもの！

ここで一服。後々混乱しないために、
HTMLとPHPの違いを感覚でつかんでおくといいです。

HTMLとPHPはぜんぜん違うものです！ ここでちょっと一服して、そのあたりを整理しましょう。HTMLは間違えて書いても、表示が変になるだけで、とりあえず全部表示されます。でもPHPは、ちょっとでも間違えるとエラーが出て止まってしまいます。とりあえずその先のプログラムも動かしちゃってよ、と思ってもダメなんです。なんで!? それはHTMLとPHPは根本から違うものだからです。

HTMLは表示方法の指示書

HTMLは、「ここはこう表示しなさい」という指示の寄せ集まりです。なので、ミスしたところは変な表示になりますが、とりあえず全部が表示されます。

● code 3 30

「こんにちは」を太文字で表示しなさい

```
<strong>こんにちは</strong>
```

PHPはプログラム

PHPは一番上の行から1行ずつ、順番に「実行」されていきます。HTMLが「こう表示せよ」なのに対し、PHPは「こうせよ」なのです。数ある「こうせよ」の中の1つがprint命令で、それが「表示せよ」です。つまり、PHPの方がはるかに強力な力を持つのです。

● code 3 31

「こんにちは」を太文字で表示しなさい、というHTML文を表示しなさい

```
print '<strong>こんにちは</strong>';
```

HTMLは甘く、プログラムの世界は厳しい

HTMLは表示の仕方についての指示がほとんどなので、間違えたとしても大したことにはなりません。それに対し、プログラムはなんでもできる分、何かあったら大変です。エラーがあれば動作すらしません。打たなくてもいいので、次の例をよ〜く眺めてください。

● code 3 - 32

HTMLは甘い

```
<strong>春です</strong>
<strong>夏です</strong>
<stronger>秋です</strong>
<strong>冬です</strong>
```

ここを間違えても…

変だけど、とりあえず表示されます。

● code 3 - 33

PHPは厳しい

```
print '<strong>春です</strong>';
print '<strong>夏です</strong>';
printing '<strong>秋です</strong>';
print '<stronger>冬です</strong>';
```

ここを間違えると…

エラーがあるので表示すらされません。

これ大事です

意外にもベテランのWebクリエイターの方ほどHTMLが体に染み付いているために、プログラムの仕組みで混乱する方が多いのです。

HTMLとPHPの違い分かりましたか？　「ん〜、よく分からない…」という感じでも、とりあえず先にいきましょうか。「あ、何か分かったかも！」という時が来ますから。さあ、次へいきましょう！

ワクワク！ プログラミング編

アンケート項目を増やそう！

これが分かれば複雑なアンケート画面も思いのままです。

作ったページはまだニックネームしか入力できないですよね。では、メールアドレスとご意見の入力枠を追加してみましょう！

＜input＞タグを追加するだけ！

簡単ですね。index.htmlにニックネーム入力と同じようなHTML文を追加するだけです。

● code 3　34

```
 7 <body>
 8
 9 <form method="post" action="check.php">
10 ニックネームを入力してください。<br>
11 <input name="nickname" type="text" style="width:100px"><br>
12 メールアドレスを入力してください。<br>
13 <input name="email" type="text" style="width:200px"><br>
14 ご意見を一言でお聞かせください。<br>
15 <input name="goiken" type="text" style="width:300px"><br>
16 <br>
17 <input type="submit" value="送信">
18 </form>
19
20 </body>
```

画面で見てみましょう。

どうですか？
こんなページが
出ましたか？

さあ、どうですか。急にアンケートのWebサイトっぽくなりましたね。それではこれらのデータを受けるcheck.phpも改造してみましょう。

● code 3 - 00

```
 7 <body>
 8
 9 <?php
10 $nickname=$_POST['nickname'];
11 $email=$_POST['email'];              ここにまとめて追加するといいです。
12 $goiken=$_POST['goiken'];
13                                      見やすくするための空白行。
14 if($nickname=='')
15 {
16         print 'ニックネームが入力されていません。<br>';
17 }
18 else
19 {
10         print 'ようこそ';
21         print $nickname;
22         print '様';
23         print '<br>';          改行を追加しましょう。
24 }
25
26 if($email=='')
27 {
28         print 'メールアドレスが入力されていません。<br>';
29 }
30 else
31 {
32         print 'メールアドレス：';
33         print $email;
34         print '<br>';
35 }
36
37 if($goiken=='')
38 {
39         print 'ご意見が入力されていません。<br>';
40 }
41 else
42 {
43         print 'ご意見:';
44         print $goiken;
45         print '<br>';
46 }
47 ?>
48
49 </body>
```

追加行がすっごい増えましたね〜。

でもよ〜く見てください。そんなに難しいことはやってないのが分かりますね。途中、何も書

かない行がありますが、これは見やすくするためです。見やすければいいので特に厳しいルールはありません。22、23行目は28行目や39行目と同じように1行にまとめてしまってもいいですよ。

さあ、ブラウザで表示して、アンケートに答えてみましょう。入力したりしなかったり、いろいろな入力のパターンを試してみましょう。

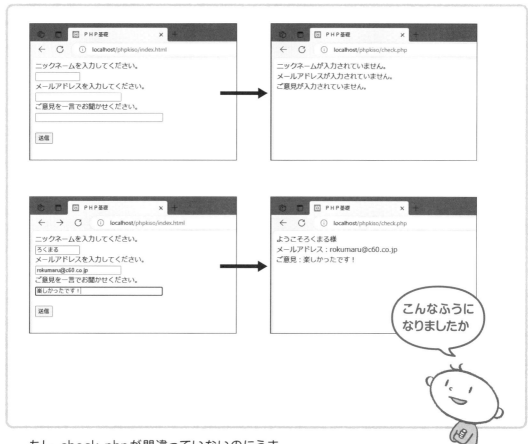

もし、check.phpが間違っていないのにうまくいかないとしたら、index.htmlの方が間違っているかもしれませんよ。「そんなはずは…」と思わずに、よく見返してみてください。

column

空行は見やすさのため！

何も書いてない空っぽの行がところどころ存在しますね。これは見やすさのためです。特にルールはありませんが、処理の意味が変わる境目に空行を入れると見やすくなります。

デバッグのテクニック⑤　〜最後の行がエラー？〜

最後の行がエラーだと言われてませんか？
最後の行なんて何も書いてないのに…。
どこかに「 } 」での閉じ忘れがあるはずですよ。

```
if($name=='abc')
{
    print 'こんにちは';
```
←─────────── ここに } がない！

column

デバッグのテクニック⑥　〜上書き保存忘れ〜

直したのに状況が変らない！なんてことになっていませんか？
TeraPadで上書き保存を忘れてたりします。

「*」マークは上書き保存がまだですよ、という印です！

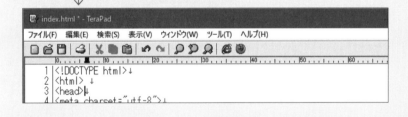

column

デバッグのテクニック⑦　〜再読み込み忘れ〜

直しても、上書き保存しても状況が変らない！
ひょっとしてブラウザの再読み込みを忘れていませんか？

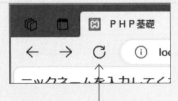

再読み込みボタン（ブラウザによって違います）

ワクワク！ プログラミング編

前ページに戻る機能をつけよう！

クリックしたら前のページに戻る機能がやっぱり欲しいですね。

check.phpのページには、アンケートページに戻る機能がありませんね。このままでは、ブラウザの戻るボタンで戻るしかありません。アンケートシステムとしてはちょっとカッコ悪いので、前のページに戻る機能を付けましょう。

どうすればよいと思いますか？ そうです、index.htmlに飛ぶハイパーリンクをcheck.phpに追加すればよさそうですね。

● code 3-36

```
46 }
47
48 print '<a href="index.html">戻る</a>';
49 ?>
50
51 </body>
```

では、さっそく動かしてみましょう！

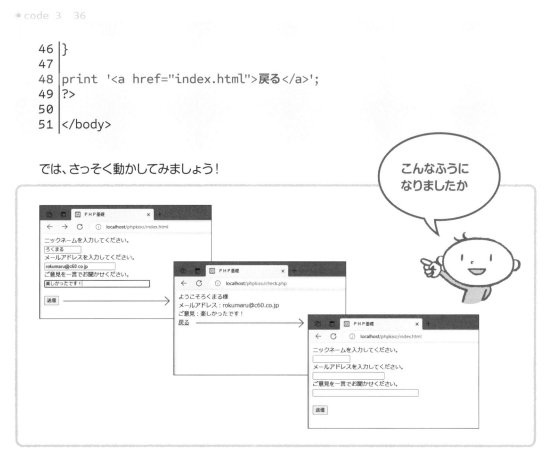

消えちゃった!?

見事にアンケートページに戻れましたね。しかし…

ん?あれ〜〜〜!? 「戻る」をクリックして戻ったら、せっかく入力してもらったアンケートの回答が消えちゃった! そうなんです。ハイパーリンクで戻ると、入力データは全部消えちゃうんです。

ページを戻っただけで、せっかく入力したデータが消えちゃってる。もしあなたがアンケートに答える立場だったらどうでしょう? また打ち直しますか?「もういいや!」とアンケートに答えるのをやめちゃうかもしれませんね。それがショッピングサイトだったら、お客が逃げちゃって売り上げ激減です。これではダメです!

ワクワク！ プログラミング編

入力データを消さないでページを戻る方法！

入力データが消えてしまう Web サイトは NG です。
ユーザーに迷惑をかけないことはとても大切なのです。

せっかくお客様が入力してくれたのに、ページを戻っただけで消えちゃうようなサイトではダメです。もう1回最初から入力しなければならないからです。では、ページを戻ってもデータが消えないようにするには、どうしたらいいのでしょうか？

一発で戻るボタンを出す！

それを実現するのがこれです！

* code 3 37

これがhistory.backを使ったボタンだ！

<form> ～ </form> タグに挟み込むおなじみの <input> タグで実現します。
type は "button" です。
"submit" と見た目がそっくりなボタンが出ますが別物です。
そして onclick に「戻れ」の動作を意味する history.back を指定すると、
戻る機能のボタンが表示されるのです！
難しく考えずに、そういうものと思ってください。

```
<form>
        <input type="button" onclick="history.back()" value="戻る">
</form>
```

そういうもの　　　　ボタン表面の文字

おぼえましょう

check.phpを直してみましょう！　先ほど追加したハイパーリンクの行を削除して、こう直します。

● code 3 - 38

```
46 }
47
48 print '<form>';
49 print '<input type="button" onclick="history.back()" value="戻る">';
50 print '</form>';
51 ?>
52
53 </body>
```

さあ、動かしてみましょう！

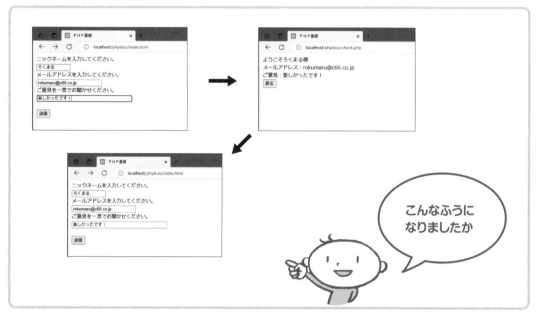

どうですか！　見事にデータが消されずに戻ることができました。しかもボタンになっているのでカッコいいですね。

---

onclick="history.back()"の正体は？

ずばり！ JavaScriptという言語です。PHPとはまた違う言語なので、詳しくは本書では触れません。ブラウザの[戻る]ボタンをクリックしたのと同じ動作をする命令です。ちょっと反則かもしれませんが、とっても便利なのでよく使われます。同じ動作をPHPで実現しようとすると、とても大変なのです。

ワクワク！ プログラミング編

さらに次のページへいこう！

「ありがとうございました」のページの存在が、実はとても大切なのです。
徐々に分かってきますよ。

入力がOKなら「アンケートご協力ありがとうございました。」とメッセージが出るページへ
飛んでもらいましょう。これがサンクスページです。

サンクスページがないと発生する問題

お礼を言うだけなら、check.phpで「ありがとうございました」と出せばよさそうなもの
です。ところがcheck.phpではダメなのです。なぜでしょうか？ その前に、これから作
り込んでいく、とてもワクワクする機能を先にお教えしましょう。

　　1．アンケートに答えてくれた人へメールを自動送信する機能

　　2．データベースにアンケートを蓄積していく機能

すごいと思いませんか？ メール自動送信やデータベース処理を、あなたがこれから作って
いくのです。ワクワクしますね。

ここでちょっと考えてみましょう。もし、メール自動送信や、データベース登録をcheck.
phpでやったとしたら…。アンケートを入力して、check.phpに飛んできた瞬間にメー
ルも送信されてしまい、データベースも登録されてしまうのです。
ちょっとアンケートを直したいと思い、入力ページに戻って、またcheck.phpに飛んでき
たら…。2通目のメールが送信され、データベースにはさらにもう1件余分なデータが登録
されてしまいます。

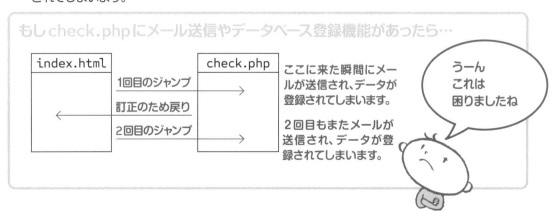

アンケートを入力した人が「OK」と思ったときにメールを飛ばす

いったいどうしたらいいのでしょうか。答えは簡単です。

1. check.phpで、直したければ[戻る]ボタンを、OKなら[OK]ボタンをユーザーにクリックしてもらう。
2. [OK]ボタンがクリックされたら次のページへ飛ぶ。
3. 飛び先のページで、メール送信とデータベースの書き込みを行う。

このcheck.phpからの飛び先ページこそが「サンクスページ」です。なぜ「サンクス」なのか？ それはこのページで「アンケートご協力ありがとうございました。」と画面に出すからです。

サンクスページに飛ぶボタンを出そう！

それでは、サンクスページに飛ぶボタンを作ってみましょう。

この方法、見たことありますね。そうです。index.htmlに書いたcheck.phpへの飛ばし方と原理は同じです。

● code 3 - 39

```
46 |}
47 |
48 |print '<form method="post" action="thanks.php">';
49 |print '<input type="button" onclick="history.back()" value="戻る">';
50 |print '<input type="submit" value="OK">';
51 |print '</form>';
52 |?>
53 |
54 |</body>
```

サンクスページをつくろう！

[OK]ボタンをクリックすると、「Object not found」のエラーが出ますね。それでいいんです。なぜならまだサンクスページを作っていないから、エラーが出て当然なのです。さあ、これからサンクスページ「thanks.php」を作っていきましょう。

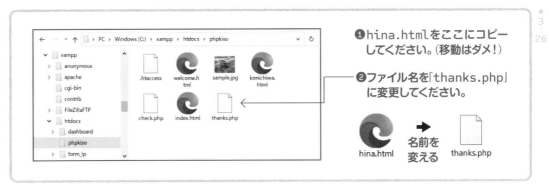

❶ hina.htmlをここにコピーしてください。(移動はダメ!)

❷ ファイル名を「thanks.php」に変更してください。

hina.html → 名前を変える → thanks.php

thanks.phpをTeraPadで開いて、こんな感じに打ちます。

● code 3 40

```
 7 |<body>
 8 |
 9 |<?php
10 |print  'ご意見ありがとうございました。<br>';
11 |?>
12 |
13 |</body>
```

では動かしてみましょう!

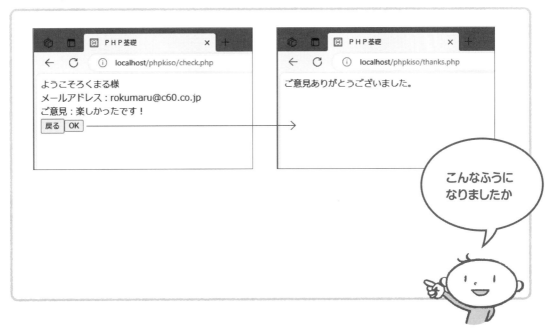

こんなふうに
なりましたか

ちょっと困ったことが…

困りました。何が困るのでしょう？　それは、入力ミスがあった場合です。ニックネームが入力されていない、メールアドレスが入力されていない、ご意見が入力されていない、などです。

そうした場合、本来なら［戻る］ボタンで戻って修正してほしいですね。そして［ＯＫ］ボタンは出したくありません。

なぜかというと、もしメールアドレスが入力されていなくて、［ＯＫ］ボタンを押されてしまったらどうなるでしょうか？　サンクスページでメールが送れなくなるのです。ご意見が入力されていなければ、空っぽのご意見がデータベースに蓄積されてしまいます。

それは困りますね。どうすればいいのでしょうか？

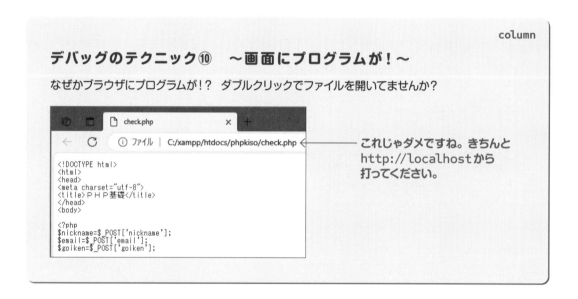

column

デバッグのテクニック⑩　〜画面にプログラムが！〜

なぜかブラウザにプログラムが！？　ダブルクリックでファイルを開いてませんか？

これじゃダメですね。きちんと http://localhost から打ってください。

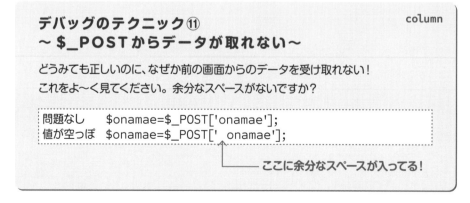

column

デバッグのテクニック⑪ 〜 $_POST からデータが取れない〜

どうみても正しいのに、なぜか前の画面からのデータを受け取れない！
これをよ〜く見てください。余分なスペースがないですか？

```
問題なし    $onamae=$_POST['onamae'];
値が空っぽ   $onamae=$_POST[' onamae'];
```

ここに余分なスペースが入ってる！

ワクワク！ プログラミング編

入力データをきちんとチェックしよう！

**複数項目の入力チェックを行うには、
どうすればいいのかがここで分かります。**

空っぽのデータを防ぐにはどうしたらいいのでしょうか。考え方は意外にシンプルです。
入力ミスのあるときには、[OK] ボタンを表示しなければいいのです。そうすれば [戻る]
ボタンで戻って修正するしかないですからね。

入力ミスがあったら [戻る] ボタンだけ。

入力ミスがなければ [戻る] と [OK] ボタンの両方。

これが次のゴールです

どうすればいいのでしょう？

プログラミングはどうやってするのでしょうか。それは次のように考えるとわかります。
「もし、ニックネーム、メールアドレス、ご意見のどれか1つでも空っぽだったら、[戻る] ボタン
だけを表示する。そうでなければ、[戻る] ボタンと [OK] ボタンの両方を表示する。」
以上です。分かりますか？ 「ん〜なんとなく」くらい分かればOKです。

では作ってみましょう！

ボタンを表示する<form> ～ </form>タグのブロック全体をif命令で囲むのです。
check.phpをこんな感じに改造します。

● code 3 - 41

ここはシングル
クォーテーションを
2つですよ！

```
46 }
47
48 if($nickname=='' || $email=='' || $goiken=='')
49 {
50     print '<form>';
51     print '<input type="button" onclick="history.back()" value="戻る">';
52     print '</form>';
53 }
54 else
55 {
56     print '<form method="post" action="thanks.php">';
57     print '<input type="button" onclick="history.back()" value="戻る">';
58     print '<input type="submit" value="OK">';
59     print '</form>';
60 }
61 ?>
62
63 </body>
```

50 ～ 52行目と先頭の位置が揃うように、スペースやTabを入
れます。

分かりますか？　もし1つでも入力が空っぽなら［戻る］ボタン、そうでなければ、つまり全
部正常なら［戻る］ボタンと［OK］ボタンの2つを表示しています。

・if命令で縦棒2つ「||」が使われています。これは「もしくは」という意味です。
・50 ～ 52行目の<form> ～ </form>は戻るだけなので、「method="post"
 action="～"」は不要です。
・else命令は「そうでなければ」の意味でしたね。

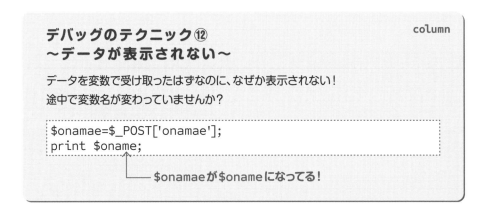

デバッグのテクニック⑫
～データが表示されない～

column

データを変数で受け取ったはずなのに、なぜか表示されない！
途中で変数名が変わっていませんか？

```
$onamae=$_POST['onamae'];
print $oname;
```

$onamaeが$onameになってる！

動かしてみましょう！

アンケート画面できちんと入力したり、どこかを入力しなかったりと、いろいろ試してみてください。

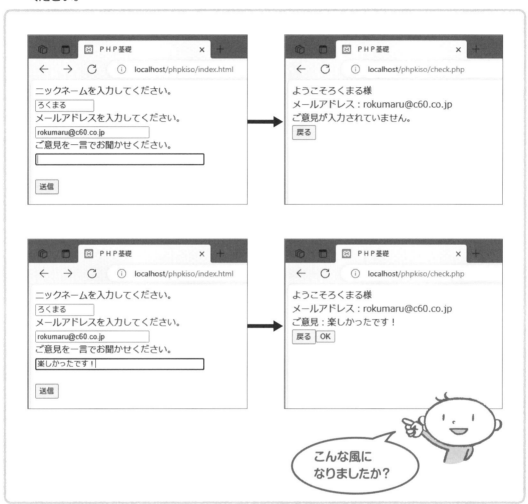

3-13　入力データをきちんとチェックしよう！　095

入力項目が増えたら「フラグ制御」を使う　column

入力項目が増えると、if命令がズラズラと長くなってしまいます。また、バグも混入しやすくなります。こうした場合、フラグ制御という方法を使いますが、残念ながら本書では触れません。調べてみてください。

ワクワク！ プログラミング編

サンクスページをにぎやかにしよう！

メール送信やデータベースへの橋渡しを行うための改造です。

サンクスページをもっとにぎやかにしましょう。この改造はとても大切です。メールの自動送信やデータベースへの書き込みが、グッと現実的になってきますよ。

こんな画面にしてみましょう！

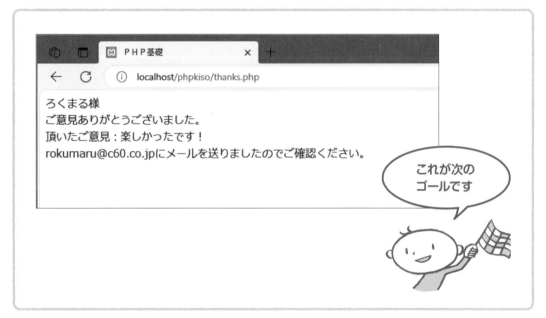

こんな本格的な画面にしたいですね。thanks.php を次のように改造しましょう。

```
 7 | <body>
 8 |
 9 | <?php
10 | $nickname=$_POST['nickname'];
11 | $email=$_POST['email'];
12 | $goiken=$_POST['goiken'];
13 |
14 | print $nickname;
15 | print '様<br>';
16 | print 'ご意見ありがとうございました。<br>';
17 | print '頂いたご意見:';
18 | print $goiken;
19 | print '<br>';
20 | print $email;
21 | print 'にメールを送りましたのでご確認ください。';
22 | ?>
23 |
24 | </body>
```

すでにcheck.phpを作った経験があるので、何をしているか分かりますね。もし、わからない場合は、焦らずに1行1行じっくりと見ていってください。10 〜 12行目でニックネーム、メールアドレス、ご意見を受け取り、14 〜 21行目で文章に組み立てて表示していますよ。

では動かしてみましょう。

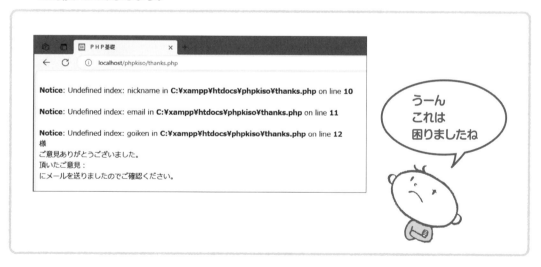

あれ!? ニックネームもメールアドレスも、ご意見も空っぽ!? へんなメッセージまで出てるし…。

大丈夫です。バグじゃないですよ。実はまだプログラムが足りないのです。次に、この足りないところを作っていきましょう。そこがPHPでとても重要なのです。

シングルクォーテーション「'」と ダブルクォーテーション「"」

print命令で文字列をくくるとき、「'」と「"」の2種類があります。何が違うのでしょうか。

このプログラムを走らせると…

```
$tenki='晴れ';
print '今日は $tenki です';
print '<br>';
print "今日は $tenki です";
```

こう表示されます。

```
今日は $tenki です
今日は 晴れ です
```

「'」でくくると文字列がそのまま出ますが、「"」でくくると変数の内容が表示されるのです。

「"」って便利そうですね。しかし変数名の前後に半角スペースを入れなければいけないなどの制約があります。ですので、本書では「'」で統一し、「.」で連結(詳しくは100ページ)しています。

```
$tenki='晴れ';
print '今日は' . $tenki . 'です';
```

デバッグのテクニック⑬ 〜変数名が表示されてしまう!〜

なぜか画面に変数名が表示されてしまう!

```
$tenki='晴れ';
print '$tenki';
```

↑　　⌐── 変数名はくくったらダメですよ!

こうすれば変数名ではなく、変数の中身が表示されます。

```
$tenki='晴れ';
print $tenki;
```

ワクワク！プログラミング編

データがきちんと表示されるようにしよう！

ここがWebプログラミングの肝の一つです。

thanks.phpの画面がちゃんと出なくて焦りましたね。でも、なぜ出なかったのでしょうか？　これも理由は簡単です。thanks.phpでは、$_POSTからデータを受け取ろうとしています。しかし肝心のcheck.phpからデータを送り出してあげていないのです。だからいくら受け取ろうとしても、空っぽなのです。

データを画面に出さずにこっそり渡す

本来$_POSTは、前の画面の<form>～</form>タグ内の画面入力データを受け取るものです。しかしcheck.phpに入力枠はありません。データは、check.phpのプログラムで使われている変数、$nickname、$email、$goikenの中に入っています。これを画面に出すことなく、thanks.phpに渡してあげればいいのです。それをするのが「hidden」です！

● code 3　43

これがhiddenだ！

<input name="nickname" type="hidden" value="**ろくまる**">

渡したいデータです。

書き方のルールはテキストボックスなどと同じです。半角小文字で自由に名前を付けます。混乱を避けるために統一しておいた方がいいでしょう。例えばニックネームに関してはすべて"nickname"にするなどです。

hiddenにすることで、画面に表示することなく、飛び先のページの$_POSTで受け取ることができます。

おぼえましょう

でも渡したいデータは、$nicknameなどの変数の中に入っています。どうやって書いたらいいのでしょうか？　それを実現するのが「文字列の連結」です。

● code 3 - 44

文字列はこうやって連結する！

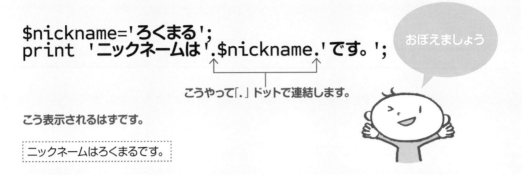

```
$nickname='ろくまる';
print 'ニックネームは'.$nickname.'です。';
```

こうやって「.」ドットで連結します。

おぼえましょう

こう表示されるはずです。

ニックネームはろくまるです。

この方法を使って、「value="」と「"」の間で変数の値を連結します。

では早速、check.phpを改造してみましょう。変数の値を連結する部分は、特によ～く見てくださいね。

● code 3 - 45

```
46 }
47
48 if($nickname==''||$email==''||$goiken=='')
49 {
50     print '<form>';
51     print '<input type="button" onclick="history.back()" value="戻る">';
52     print '</form>';
53 }
54 else
55 {
56     print '<form method="post" action="thanks.php">';
57     print '<input type="hidden" name="nickname" value="'.$nickname.'">';
58     print '<input type="hidden" name="email" value="'.$email.'">';
59     print '<input type="hidden" name="goiken" value="'.$goiken.'">';
60     print '<input type="button" onclick="history.back()" value="戻る">';
61     print '<input type="submit" value="OK">';
62     print '</form>';
63 }
64 ?>
65
66 </body>
```

よくみてね

サンクスページがちゃんと出ましたか？

さあ、今度はどうでしょうか。サンクスページがちゃんとこんな感じに出ましたか？

hiddenの3行を追加したにもかかわらず出ない、もしくは出ない項目があるという方、何かが間違っていますよ。けっこうつまらないスペルミスがほとんどですので、じっくりプログラムを眺めて発見してください。「あ…」というミスがあるはずです。もしミスがないのに変な場合は、

  ・上書き保存をしていますか？
  ・ブラウザで再読み込みをしてみましょう。
  ・index.htmlからきちんとアンケートを入力し直していますか？

など、今までの知恵を働かせてみてください。

サンクスページがここまで出来上がると、いよいよ自動メール送信やデータベース処理を作る段階に入ってきますが、その前にやらなければならないことがあります…。

ワクワク!プログラミング編

悪～い行為から守ろう!

世の中には悪いことを考える人がいるものです。
そういう行為からWebサイトを守る方法を知っておきましょう。

自動返信メールやデータベースへ進む前に、やっておかなければならないことがあるのです。避けて通ることはできません。それは、世界中の悪意ある行為からあなたの作ったWebサイトを守る仕組みです。

いたずらをしてみよう!

体験するのが一番! あえて悪いことをしてみましょう。XAMPPで動かしているので誰にも迷惑は掛けません。大丈夫ですよ。敵を知るためにはやってみることです!
index.htmlの「ご意見」入力枠に、こんな感じにHTML文を入れて、いたずらしてみましょう。

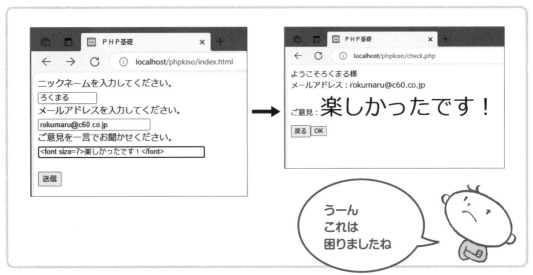

何が起こったのでしょう!?
いたずらで入力したHTMLが効いて、文字が大きくなってしまいました。これがクロスサイトスクリプティング(XSS)という悪～い行為です。HTMLなら表示がおかしくなるだけで済むのですが、恐いのはJavaScriptなどを送り込まれることです。JavaScriptはプログラミング言語ですので、何をされるか分かりません。どうしたらいいでしょうか?

消毒する！

XSSを防ぐ代表的な方法は、データを消毒することです。サニタイジングといいます。入力されたHTMLを効かなくするために、怪しい文字を無毒化するのです。その命令がこれです！

• code 3 - 46

これがサニタイジングの代表、htmlspecialchars命令だ！

$nickname=htmlspecialchars($nickname);

この変数の内容を無毒化し、同じ変数自身にコピーします。

おぼえましょう

組み込む方法は簡単です。check.phpをこう改造します。

• code 3 - 47

```
12 $goiken=$_POST['goiken'];
13
14 $nickname=htmlspecialchars($nickname);
15 $email=htmlspecialchars($email);
16 $goiken=htmlspecialchars($goiken);
17
18 if($nickname=='')
```

thanks.phpも改造しましょう。

• code 3 - 48

```
12 $goiken=$_POST['goiken'];
13
14 $nickname=htmlspecialchars($nickname);
15 $email=htmlspecialchars($email);
16 $goiken=htmlspecialchars($goiken);
17
18 print $nickname;
```

ではやってみましょう。

HTMLが効かずに、そのまま文字として出ています。これじゃ悪いことしようと思っても
できませんね。サニタイジングはセキュリティ対策の基本です。必ず入れるようにしてくだ
さい。

ワクワク！ プログラミング編

自動返信メールを飛ばそう！

いよいよここまで来ましたね。
メール自動送信の方法が分かりますよ。

アンケートに答えてくださった方には、お礼メールを自動で送信したいですね。そこで thanks.phpに、メール送信機能を搭載しましょう！

メールを送信するプログラムを追加しよう！

thanks.phpのいろいろ表示する命令の後に、このように追加します。スペルが難しい命令も出てきますので、エラーが出たらよ〜く見ながら直してくださいね。以下の解説を見ながら打つとよいかもしれません。

● code 3　49

```
25 print 'にメールを送りましたのでご確認ください。';
26
27 $mail_sub='アンケート受け付けました。';
28 $mail_body=$nickname."様へ¥nアンケートご協力ありがとうございました。";
29 $mail_body=html_entity_decode($mail_body, ENT_QUOTES, "UTF-8");
30 $mail_head='From:xxx@xxx.co.jp';
31 mb_language('Japanese');
32 mb_internal_encoding("UTF-8");
33 mb_send_mail($email,$mail_sub,$mail_body,$mail_head);
34 ?>
35
36 </body>
```

・$mail_subにはメールタイトルが入ります。
・$mail_bodyにはメール本文が入ります。「¥n」はメール文の中の改行です。メール本文の文字列をシングルクオーテーション「'」ではなくてダブルクオーテーション「"」でくくっているのは、「¥n」を有効にするためです。シングルクオーテーションでくくると、「¥n」が改行としてではなく文字列としてメール文に組み込まれてしまうからです。
※Macの方は「¥n」の代わりに「\n」と入力してください。

・$mail_headにはヘッダー情報が入ります。「From:　」の後に、アンケート主催者である
　あなたのメールアドレスを書きます。こうしておけば、ユーザーがこの自動メールに対して
　返信することができます。これがないと、差出人のないとても怪しいメールになってしまい
　ますよ。
・mb_send_mailがメールを送信する命令です。
それぞれの詳しい説明は長くなりますし、今ここでは必要でないので省きます。興味のある
方は調べてみてください。

Warningが出た！

さあ、動かしてみましょう！

あれれ？　エラーが出た!?
いえ大丈夫です。これはWarning（ワーニング）といって、エラーではありません。mb_
send_mailの行でWarningが出ていますね。それでいいんです。本書では実際のサーバ
ーではなく、サーバーとそっくりな動きをしてくれるXAMPPの環境でプログラミングをしてい
ます。ネット上ではないので、メールを送信しようとしても送れないわけです。なので「これで
いいの?」と警告してくれているのです。いいんです。これまで作ったプログラムをネット上の
サーバーに上げると、本当にメールが飛んできます。これは感動しますよ！

さて無事にメールは飛びましたが、このままでは、せっかくお客様から頂いたデータがあなた
の手元に保存されません。それを保存するために、さあ、いよいよデータベースの世界に入っ
ていきましょう！

Chapter 4

ドキドキ！
データベース編

あなたにもデータベースができる！

データを貯めたり取り出したり、それがデータベースです。
この章であなたにも扱えるようになります。

アンケートシステムの開発ご苦労さまでした。

あなたにもできましたね！

さあ、ここからはもっと素晴らしい世界ですよ。

アンケートデータを溜める仕組みを作ります。

溜めたデータは取り出せます。

それがデータベースです。

あのショッピングサイトも、

あの会員サイトも、

データベースにデータを溜めているのです。

あなたが苦労して作ったアンケートシステム、

自動でデータを溜める仕組みにしましょう。

一番の早道をご案内します！

☞ いってみましょう！ ☞

ドキドキ！ データベース編

データベースはこうなってる！

まずは、データベースのおおまかな概要を知っておいた方がいいでしょう。

データベースと聞いただけで難しそうだと思っていませんか？ きちんと整理して考えれば、とても便利であることが分かりますよ。

テーブル … Excelのシートに似てます

データと聞くとExcelを思い浮かべる方も多いでしょう。データベースも行と列で構成された表にデータを蓄えるので、Excelに似ているかもしれません。行のことを「レコード」、列のことを「カラム」、表のことを「テーブル」と呼びます。

• code 4 1

これがテーブルだ！

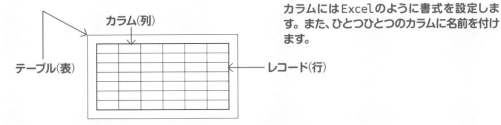

カラムにはExcelのように書式を設定します。また、ひとつひとつのカラムに名前を付けます。

データベース … フォルダに似てます

テーブル（表）がたくさん集まっている塊、それが本来の「データベース」です。

• code 4 2

これがデータベースだ！

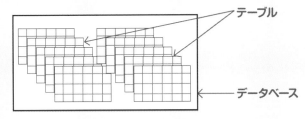

たくさんのテーブルが集まった塊がデータベースです。Excelファイルがたくさん入っている1つのフォルダに似てますね。データベースは多くの場合、1システムに1つだけ存在します。

データベースエンジン…データベースを操作するアプリケーションです

データベースの中にあるテーブルには、データを書いたり読んだりします。その操作を、私達の代わりにやってくれるアプリケーション、それが「データベースエンジン」です。

● code 4 - 3

これがデータベースエンジンだ!

ORACLE(オラクル社の製品)
SQL Server(マイクロソフト社の製品)
MariaDB(通称MySQL)
PostgreSQL(通称ポスグレ)
ほか色々

データベースエンジンはアプリケーションソフトの一種です。メーカー品のほか、無料で使えるオープンソースの製品もあります。
本書で使うのは、MySQLと呼ばれているオープンソースのデータベースエンジンです。それは、2章の最初にインストールしたXAMPPの中に入っています。

分からなくなったらこのページに戻ろう!

いろんな単語が出てきましたね。テーブルの集まりだけを指して「データベース」と呼んだり、テーブルの集まりとデータベースエンジンをひっくるめて「データベース」と呼んだり、いろいろなデータベースエンジンを総称して「データベース」と呼んだりします。漠然と「データベースを勉強したい」なんて言ったりもしますよね。なので、単語で混乱したときはこのページに戻ってきてくださいね。

焦らないでね

ドキドキ！ データベース編

データベースの文字化け対策！

ちょっと面倒ですが、ここを越えれば素晴らしい世界が待っています。
がんばっていきましょう！

データベースにも文字化け対策が必要です。XAMPPのMySQLは、そのままではUTF-8になっていないからです（バージョン8.2.4の時点で）。

文字化け対策をしよう！（Windows版）

Cドライブの[xampp]フォルダの中の[mysql]フォルダの中の[bin]フォルダの中にmy.ini
というファイルがあります。それをTeraPadで開いてください。

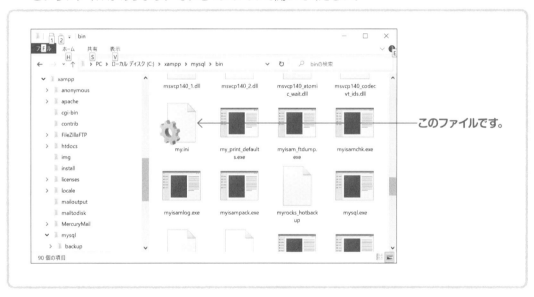

このファイルです。

なんだか難しいことがたくさん書いてあるファイルですね〜。文字化け対策を優先しますので、それぞれの意味は考えなくていいです。以下のように2箇所を変更するだけで文字化け対策は完了です！
なお、Macの方はここを読み飛ばして、その次からご覧下さい。

1箇所目として、[client]のすぐ下に1行追加しましょう。

```
18 [client]
19 character-set-server=utf8
20 #password    = your_password
21 port         = 3306
22 socket       = "c:/xampp/mysql/mysql.sock"
```

行番号はXAMPPのバージョンによって違うかもしれません。[client]や[mysqld]のすぐ下に追加することが大事です。

焦らないでね

2箇所目として、[mysqld]のすぐ下に2行追加しましょう。

```
28 [mysqld]
29 character-set-server=utf8
30 skip-character-set-client-handshake
31 port             = 3306
32 socket       = "c:/xampp/mysql/mysql.sock"
```

1文字も間違ってはダメですよ。無闇にほかのところをいじらないよう、慎重に追加してください。追加したら上書き保存してTeraPadを閉じましょう。もし後で文字化けを起したら、ここに戻ってきてくださいね。どこかスペルを間違えたのかもしれませんから。

文字化け対策をしよう！（Mac版）

\Applications\xampp\etc\ にあるmy.cnf というファイルをmiで開いてください。もし見つからない場合は、以下のフォルダーの中を探してみてください。

・Applications\xampp\etc\mysql\

・Applications\xampp\usr\local\etc\

　それでも見つからない場合は、あなたのMacの中でmy.cnfを検索して探し出してください。

Mac版にもなんだか難しいことがたくさん書いてありますね。それぞれの意味は考えなくていいです。以下のように3箇所を変更するだけ。これで文字化け対策は完了です！

3箇所に行を追加していきましょう。

[client]と書いてある行のすぐ下に、この1行を追加
character-set-server=utf8

[mysqld] の下にはこの行を追加
character-set-server=utf8
skip-character-set-client-handshake

[mysql] の下にはこの行を追加
character-set-server=utf8

1文字も間違ってはダメですよ。慎重に追加してください。追加したら上書き保存してmiを閉じましょう。もし後で文字化けをしたら、ここに戻ってきてくださいね。何かスペルを間違えたのかもしれませんから。

もしこれでもうまくいかない場合は、Webで調べてみてください。本書が出た時点では分からない最新の解決方法があるかもしれません。

MySQLを起動しよう！

XAMPPのコントロールパネルを開いて、MySQLを起動します。

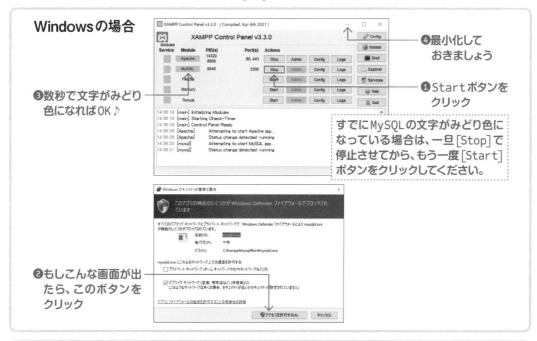

Windowsの場合

❹最小化しておきましょう

❸数秒で文字がみどり色になればOK♪

❶Startボタンをクリック

すでにMySQLの文字がみどり色になっている場合は、一旦[Stop]で停止させてから、もう一度[Start]ボタンをクリックしてください。

❷もしこんな画面が出たら、このボタンをクリック

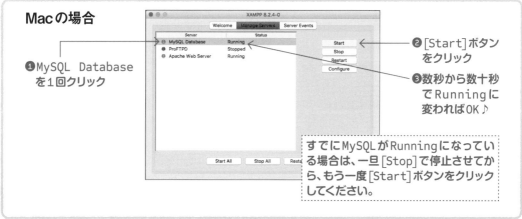

Macの場合

❶MySQL Databaseを1回クリック

❷[Start]ボタンをクリック

❸数秒から数十秒でRunningに変わればOK♪

すでにMySQLがRunningになっている場合は、一旦[Stop]で停止させてから、もう一度[Start]ボタンをクリックしてください。

こうすることで、今やった文字化け対策が有効になります。もし、何か許可を求めるポップアップ画面が出たら、気にせず許可して先へ進みましょう。

ドキドキ！ データベース編

データベースを作ろう！

データを入れる「箱」、データベースとテーブルを作ります。

さあ、これからアンケートの回答を自動で溜めていく仕組みを作っていきます。まず初めに、回答データを溜めていく「箱」を用意します。

Excelなら適当にデータを入力して、後から体裁を整えることができますが、データベースの場合は、どんな項目があって、数字なのか文字なのか、文字なら最大何文字か、列の名前はどうするのか、最初から決めておく必要があります。もちろん後から直すことはできるのですが、Excelのように気軽に直すものではない、とだけ覚えておいてください。

データベースをメンテナンスする画面を開きます

ブラウザでこのURLにアクセスしてください。
  http://localhost
XAMPPのタイトル画面が開きます。

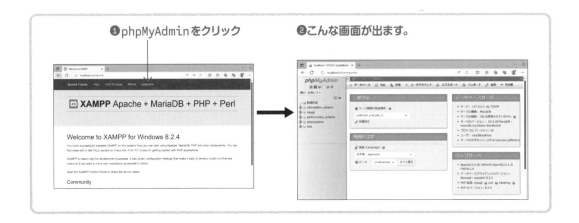

❶phpMyAdminをクリック　　❷こんな画面が出ます。

これがデータベースをメンテナンスするための画面「phpMyAdmin」です。この画面では、新たにテーブルを作ったり、設計を変更したり、データの中身を調査したりと、いろんなことができます。

昔はデータベースのメンテナンスと言えば、真っ黒な画面にコマンドを入力していたんですよ。便利な時代になりました。

今回はXAMPPの環境なので簡単に開きますが、本番サーバー環境ではログインパスワードが必要です。管理者しか入ることを許されないとても重要なページだからです。

まずはデータベースを作成しましょう！

データベースとは、テーブル（表）をたくさん格納する箱です。1つのシステムで1つ作ります。今回のデータベース名は「phpkiso」にしましょう。

❷データベース名「phpkiso」を入力（半角で）　❸照合順序を「utf8_general_ci」に　❹[作成]ボタンをクリック

❶「データベース」タブをクリック

慎重に…

[作成]ボタンを押すとデータベースが作成され、続いてテーブルの作成画面になります。

テーブルを作成しましょう！

引き続きテーブルを作成します。テーブルとはExcelのシート1枚に相当します。ただし、カラムをいくつ使うのか、最初から決めなければなりません。つまり、その1枚の表に何列を用意するかです。今回の例では4列使います。アンケートの回答を溜める表なので、テーブルの名前は「anketo」と名付けましょう。

❶名前にテーブル名 ❷カラム数を「4」に
「anketo」を
入力(半角で) ❸ [作成] ボタンをクリック

※もしエラーが出たら、使用するブラウザを別のものに替えて、再度やってみてください。

[作成] ボタンを押すと、次に各カラムを設定するための画面になります。

カラムの設計（データベース設計）について

カラム設定画面では何を入力したらいいのでしょう？　実はその前にやらなければならないことがあるのです。それが「設計」です。カラム1列1列の型はそれぞれ何型で、文字数はいくつかなど。

今作っているアンケートシステムではカラムが4つしかないので、次のように設計してみました。本書を卒業した後は、カラムの設計に手間を掛けてください。その時にはじっくり考えて設計してくださいね。

アンケートシステム anketoテーブルのカラム設計

	カラム名	データ型	文字数	インデックス	A_I
ご意見コード	code	INT		PRIMARY	☑
ニックネーム	nickname	VARCHAR	20	−	☐
メールアドレス	email	VARCHAR	50	−	☐
ご意見	goiken	VARCHAR	50	−	☐

意味が分からないって？　あとで簡単に説明しますね。まずはこのとおりに、設定をしてみましょう。

カラムを設定しましょう！

上の表を見ながら、カラム設定画面に入力してみてください。

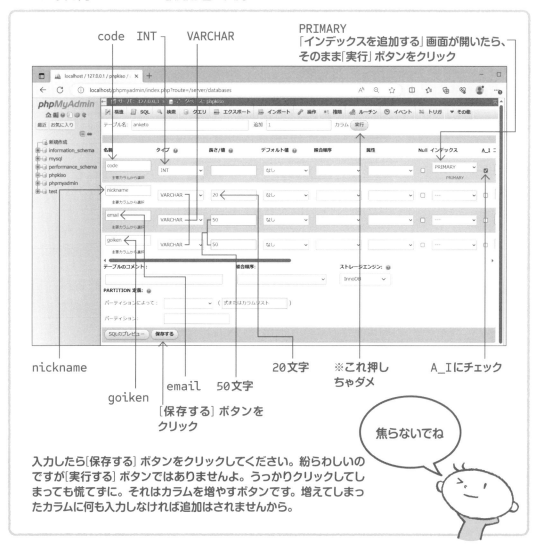

入力したら［保存する］ボタンをクリックしてください。紛らわしいのですが［実行する］ボタンではありませんよ。うっかりクリックしてしまっても慌てずに。それはカラムを増やすボタンです。増えてしまったカラムに何も入力しなければ追加はされませんから。

入力したら[保存する]ボタンをクリックしましょう。

こんなふうに
なりましたか

こんな画面になりましたか？ こうなれば無事、データベースとテーブルができました。
では、いったい何の設定をしたのでしょう？ チンプンカンプンなモノがいろいろ出てきまし
たね。1つ1つ解説していきますね。

ドキドキ！ データベース編

何を設定したのか知っておこう！

いったい何を設定したのでしょうか？
ここでデータベース設計の基本を理解できますよ。

テーブルのカラム設定ができました。これでデータベースの準備は完了です！　しかし、いったい何を設定したのでしょうか？　これはやっぱり知っておく必要がありますね。

ご意見コード「code」とは何者？

4つあるカラムの1番目、「ご意見コード」とは何でしょうか？　アンケートの回答欄は「ニックネーム」「メールアドレス」「ご意見」の3つしかないのに、なぜ、もうひとつ必要なのでしょう？このカラムには通し番号が入ります。ユーザーが返してくれた回答に、1つ1つ通し番号を振るわけです。同じ番号を2回以上使うことはありません。同一人物が2度回答したとしても、1件は1件。それぞれ別の番号が振られます。そのシステムの中に1つしかない番号という意味で、一般にユニークコードとも呼ばれます。今回のシステムでは、1件1件の回答をご意見コードで識別することになります。

これがコードの考え方です。もちろんコードなしでもシステムは作れます。しかしシステムが複雑になってくると、必ずコードの必要性を感じるようになります。
例えば、学校の同じクラスに同姓同名の生徒がいて出席番号がなかったら、成績表も出欠簿もむちゃくちゃになってしまうでしょう。でも通し番号が振ってあれば、1人1人の生徒を常に一意に特定できますね。今回のような簡単なアンケートシステムであっても、ご意見コードのような通し番号のカラムを付けるクセをつけておきましょう。

これ大事です

カラム名はどうやって名付ける？

これ大事です

Excelであれば、カラム名は「A」「B」「C」…と、あらかじめ名付けられています。データベースの場合は、設計者であるあなたがカラム名の名付け親になるのです。半角で名前を付けます。省略は許されません。ご意見コードは「code」としました。メールアドレスは「email」、ご意見は「goiken」としました。分かりやすい名前にするのが鉄則です。長過ぎず、短過ぎずです。

データ型ってナニ？

INTやらVARCHARやら、これらは一体ナニ者なのでしょう？　これはExcelで言うところの「セルの書式設定」のようなものです。セルに「日付」とか「文字列」とか設定したことありますよね。あれです。データベースのテーブルにはセルという考え方はありませんので、カラムごとに設定します。数字なのか文字例なのか、それ以外の何かなのかを設定します。

● code 4 - 6

これがデータ型だ！

データ型	意味	文字数	範囲
INT	整数	文字ではないので指定しない	−2147483648 ～ 2147483647
VARCHAR	文字列	最大文字数を指定する	0 ～ 65,535 文字

データ型はほかにもたくさんありますが、
この2つを使うことが多いです。

おぼえましょう

インデックスをPRIMARYにするってナニ？

インデックスは「索引」という意味です。これを設定するとデータの検索が早くなります。個々のカラムを索引欄として使うかどうか決めるのが、インデックスの設定です。
中でもPRIMARYは、1枚のテーブルの中で1つのカラムにしか設定できません。このとき選ばれるのは「そのテーブルを代表するカラムである」という意味から、プライマリーキー（主たるキー）と呼ばれます。

これ大事です

プライマリーキーとして設定すべきカラムは、その中のデータにダブリが発生せず、値が常にユニークとなるものに限られます。例えば世の中には同姓同名の人もいますので、氏名欄（値として氏名を入れるカラム）はプライマリーキーになることができません。決して重複が生じないお客様コードや商品コード等のカラムにPRIMARYを設定するのが普通です。

A_I（AUTO INCREMENT）ってナニ？

A_Iにチェック「レ」を入れると、レコードを追加するたびに1、2、3…と、自動で通し番号をセットしてくれます。人工知能のAIとはぜんぜん関係ありません。

これがとても重要なのです。この機能がないと、ご意見コードをどうやって決めたらいいのか困ります。例えば、こんなに面倒なことをするハメになります。

1. テーブルの最終レコードのご意見コードを取得する。
2. その値に1をプラスする。
3. 新しいレコードのご意見コードカラムにその値をセットする。

面倒ですね。また、複数のユーザーが同時にアクセスすると、同じご意見コードが複数セットされてしまうという大変危険なことも起きてしまうのです。だから、通し番号はAUTO INCREMENTに設定して、データベースエンジンにお任せするのが、安全かつ簡単な方法なのです。

これ大事です

ドキドキ！ データベース編

これがSQL文だ！

SQLと聞いただけで恐がる人が多いですね。
大丈夫です。SQLはとても便利で感激しますよ。

いよいよ登場「SQL文」です。恐がっていた人もいますよね。「だって、HTMLをやってPHPをや
って、今度はSQL！？ もうお腹いっぱい…」っていう人、安心してください。SQL文を本格的
にやると、それはそれは奥の深い世界ですが、アンケートシステムのような簡単なWebシステ
ムなら、そんなに難しいことはありません。それどころか、とっても便利なものなのです。

SQL文ってプログラム？

いいえ違います。プログラムではありません。HTMLのように書式を設定するものでもありま
せん。SQL文はその名の通り「文」なのです。たった1行で表す文です（あまり長くなると表現
上行を分けたりしますが、それでも1行です）。このたった1行の「文」で、あなたがデータベー
スエンジンに指令を出すのです。するとデータベースエンジンは、忠実にその通りのことをし
てくれるのです。

SQL文を使ってみよう！

さっそくSQL文を使ってみましょう。せっかくアンケートデータのテーブルを作ったのですか
ら、データを入れてみましょう（データベースの世界では「レコードを追加する」と言い表すこと
が多いです）。
phpMyAdminの画面には、SQL文を入力して指令を出すページがあります。ここにSQL文を
打って、その指令を実行させることができます！
このとき、あなたが入力したSQL文を受け取って、テーブルに対する操作を実行するのは誰で
しょう？ そう、MySQLというデータベースエンジンです。さぁ、やってみましょう！

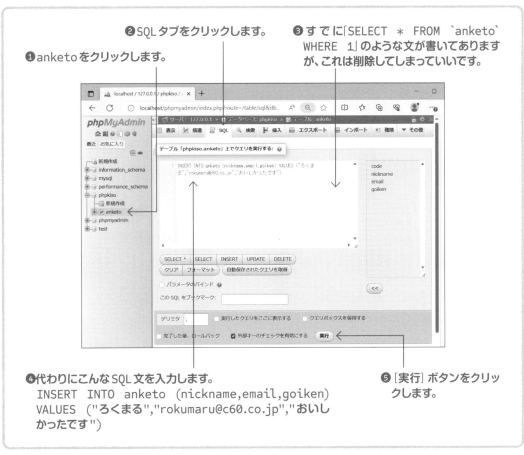

❷SQLタブをクリックします。

❸すでに「SELECT * FROM `anketo` WHERE 1」のような文が書いてありますが、これは削除してしまっていいです。

❶anketoをクリックします。

❹代わりにこんなSQL文を入力します。
INSERT INTO anketo (nickname,email,goiken)
VALUES ("ろくまる","rokumaru@c60.co.jp","おいしかったです")

❺[実行] ボタンをクリックします。

もし画面にエラーの表示が出たら、もう一度よ～くスペルを確かめながらチャレンジしてください。エラーが出なければ、見事にレコードが追加されたはずです。次にそれを確認してみましょう。

レコードが追加されたか確認してみよう！

確認すると言ったって、どうするのでしょう？ ご安心を。これもphpMyAdminの画面で簡単にできます。

❷次に表示タブをクリックします。

❶まず、anketoをクリックします。　　　　❸そしてここを見てください!

こんなふうに
なりましたか

どうですか? 分かりますか? 「code」に最初の連番である「1」が振られて、「nickname」に
「ろくまる」が、「email」に「rokumaru@c60.co.jp」が、「goiken」に「おいしかったです」
がセットされていますね。

さて、一体ナニをしたのでしょうか?

これがSQL文だ!

SQL文は1行の文だとお伝えしました。SQL文は英語文化圏で生まれたため、英語っぽくて、
日本人の私たちが見るとちょっと違和感があります。でも、よく見ると単純です。

今打ったSQL文はこういう意味です。

● code 4　7

これがSQL文だ！

INSERT INTO anketo (nickname,email,goiken) VALUES　("ろくまる","rokumaru@c60.co.jp","おいしかったです")

どうやって？：「VALUESの左のカラムに右の値をセットしなさい」

命令：「anketoテーブルにレコードを追加しなさい」

こういう「文」でデータベースエンジンに指令を出すのです。

おぼえましょう

分かりました?よく分からない？　大丈夫です。これは一種の文法、つまり約束事なのです。「INSERT　INTO」がレコード追加命令、どのテーブルかを指定し、その中のどのカラムにどんなデータをセットしたいかを指定する。それを決まった書式で文にする。これがレコード追加命令INSERT　INTOのSQL文です。

ご意見コード「code」はなぜセットしないかって？　先ほど解説した通り、AUTO　INCREMENTにしたカラムには自動で通し番号が振られるので、あえてセットしなくてもいいのです。

ドキドキ！ データベース編

アンケート自動保存機能を追加しよう！

いよいよプログラムでSQL文を操れるようになります。
あなたは憧れの世界に足を踏み入れるのです！

phpMyAdminの画面からSQL文を使ってみました。今度はプログラムでやってみましょうか。せっかくなので、これまで作ってきたアンケートシステムをグレードアップしたいですね。アンケートデータが自動でどんどん保存されていくという機能はどうでしょう？ これ、できたらスゴイですよね。

これがプログラムでSQL文を使うときのルールだ！

データベースをプログラムで扱うときにはルールがあります。これは今も昔も変わりません。

 code 4 - 8

これがプログラムでデータベースにアクセスする基本ルールだ！

必ずこの3ステップを踏みます。

①データベースに「接続」する。
②データベースエンジンにSQL文で指令を出す。
③データベースから「切断」する。

おぼえましょう

接続しなければSQL文で指令を出すこともできません。
最後の切断を忘れると、データベースが中途半端なまま
放置される危険があります。だから必ずこの3ステップなのです。

ステップ1 データベースに「接続する」には？

こうやって書きます。

● code 4　9

これがデータベースに接続するプログラムだ！

```
$dsn='mysql:dbname=phpkiso;host=localhost;charset=utf8';
$user='root';
$password='';
$dbh=new PDO($dsn,$user,$password);
$dbh->setAttribute(PDO::ATTR_ERRMOODE,PDO::ERRMODE_EXCEPTION);
```

データベース名
ユーザー名
本書では「root」
パスワード
本書ではなし

データベースに接続するための秘密の5行です。
本書ではユーザー名「root」、パスワードなしですが、
実務の世界では必ずこれらを設定してください。
これらの設定方法は本書では触れません。

焦らないでね

ステップ2　データベースエンジンにSQL文で指令を出すには？

こうやって書きます。

● code 4　10

これがSQL文で指令を出すプログラムだ！

```
$sql='ここにSQL文を書く';
$stmt=$dbh->prepare($sql);
$stmt->execute();
```

SQL文を書きます。
SQL文で指令を出す準備です。
その指令を出します。

実はもっと簡単な方法もあるのですが、
この3行で指令を出すようにしておくと、
後々セキュリティ対策にとても役立ちます。

焦らないでね

ステップ3　データベースから「切断」するには？

こうやって書きます。

● code 4　11

これがデータベースから切断するプログラムだ！

```
$dbh=null;
```

これ大事です

接続したら切断が必ず必要です。忘れずに！　うっかり忘れると、場合によってはデータベース
が更新されないこともあります。「データベースをいじったら、最後に必ず閉めの処理をする」
と覚えてください。「接続→指令→切断」この流れは鉄則です。

サンクスページにアンケート自動保存機能を追加しよう！

さあ、「接続・指令・切断」、これらを使って、Webサイトにアンケートの自動保存機能を搭載しましょう。これができたらスゴイですよね！
thanks.phpをこんなふうに改造してみましょう。

● code 4 - 12

thanks.phpの上の方に追加

```
 9 |<?php
10 |$dsn='mysql:dbname=phpkiso;host=localhost;charset=utf8';
11 |$user='root';
12 |$password='';
13 |$dbh=new PDO($dsn,$user,$password);
14 |$dbh->setAttribute(PDO::ATTR_ERRMODE,PDO::ERRMODE_EXCEPTION);
15 |
```

thanks.phpの下の方に追加

```
40 |
41 |$sql='INSERT INTO anketo (nickname,email,goiken) VALUES ("'.$nick
name.'","'.$email.'","'.$goiken.'")';
42 |$stmt=$dbh->prepare($sql);
43 |$stmt->execute();
44 |
45 |$dbh=null;
46 |?>
47 |
48 |</body>
```

何をしているか分かりますか？ $nicknameの内容と$emailの内容と$goikenの内容をSQL文の間に挟みこんでいます。この説明をよ～く見て理解してください。

この7つの文字列を「.」で連結しているのです。分かりますか？
INSERT INTO anketo (nickname,email,goiken) VALUES("
と、
$nicknameの内容
と、
"，"
と、
$emailの内容
と、
"，"
と、
$goikenの内容
と、
")

焦らないでね

動かしてみよう！

さあ、動かしてみましょう。http://localhost/phpkiso/index.htmlにアクセスして、お客さんの気持ちでアンケートの回答を入力してみましょう。

サンクスページまで進んだら、phpMyAdminでanketoテーブルを見てみます。どうですか？データが追加されていますか？

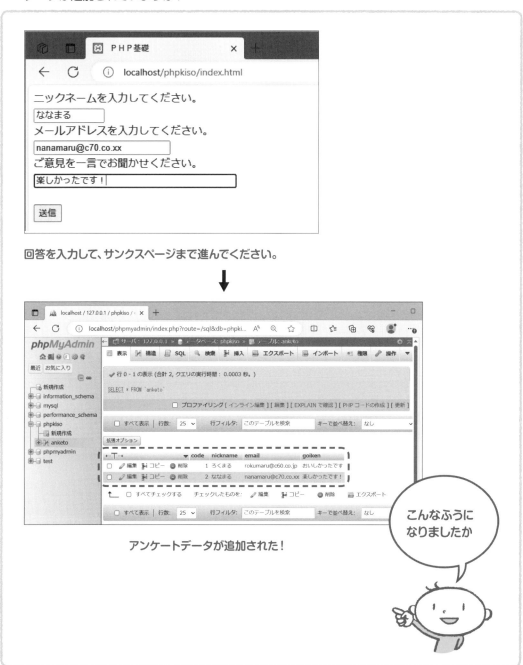

回答を入力して、サンクスページまで進んでください。

アンケートデータが追加された！

こんなふうになりましたか

何も追加されない、空っぽのデータが追加される、メールアドレスだけ空っぽ…そんな不具合はないですか？ 焦らずによ〜くプログラムを確認してみましょう。たいていはつまらないミスが原因です。スペルはあってますか？ 全角スペースが混じっていませんか？

おめでとうございます！ よくここまで来ました！

これでお客さんの回答を自動で保存していく仕組みができました♪
5人でも10人でも、お好きなようにアンケートを追加してみてください。おもしろいでしょ？
ここまでできると、もう何でもできそうな予感がしませんか？ そうです、本書の峠を越えたのです。

ここから先はページの許す限り、さらに役に立つことをやっていきます。さあ、もっと面白くなっていきますよ〜♪

おめでとうございます

ドキドキ！データベース編

登録データを読み出してみよう！

データの保存の次は読み出しですね。これであなたは、
データベースの読み書きの両方ができるようになるのです。

ついにアンケートデータの自動追加に成功しました。ということは、次はデータの読み出し
です。こんなSQL文で読み出します。

データを読み出すSQL文は「SELECT」だ！

phpMyAdminのSQL画面で指令を出してみましょう。やり方、覚えてますか？　そうです。
SQLタブをクリックします。そしてこのSQL文を打って実行してみてください。

```
SELECT goiken FROM anketo WHERE code=1
```

❷SQLタブをクリックします。

❶anketoをクリックします。

❸すでに書いてあるSQL文は削除してください。

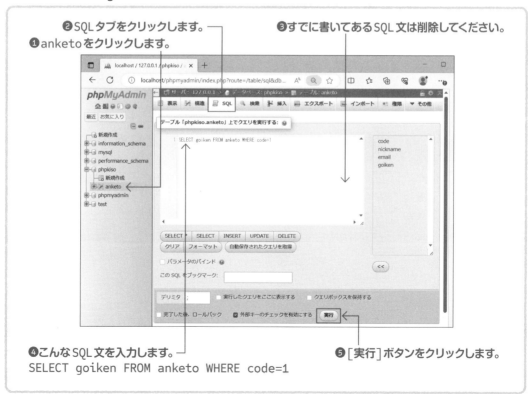

❹こんなSQL文を入力します。
```
SELECT goiken FROM anketo WHERE code=1
```

❺[実行]ボタンをクリックします。

もし、画面にエラーの表示が出たら、もう一度よ〜くスペルを確かめながら、何度でもチャレンジしてください。

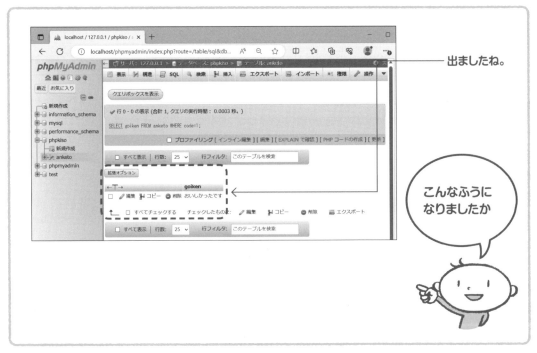

出ましたね。

こんなふうに
なりましたか

どうですか？　出ましたね♪　さて、一体ナニをしたのでしょうか？

これが「SELECT」だ！

データを読み出すSQL文の「SELECT」は、SQLの中でも最も基本的な命令です。

● code 4 - 13

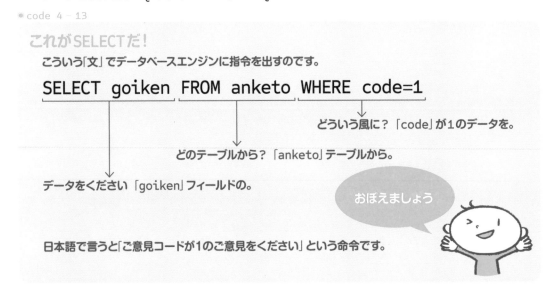

おぼえましょう

分かりました？　よく分からない？　大丈夫です。簡単な英語の話し言葉みたいなものです。「SELECT」が「ちょうだい！」という命令で、どのカラムかを指定し、どのテーブルかを指定し、どうやってデータを選ぶのかを指定する。これが読み出し命令SELECTのSQL文です。

データを全部ちょうだい！

ここでちょっと遊んでみましょう。読み出したいデータの条件をゴタゴタ言わずに、登録（保存）されているデータが全部欲しいときはどうしたらいいでしょう？　答えは簡単です。こうします。

● code 4　14

これが「データを全部ちょうだい！」という意味のSELECT文だ！

SELECT * FROM anketo WHERE 1

「*」は「すべてのカラム」という意味

「1」は「無条件で全部」という意味。

※大量のデータを蓄積した巨大なテーブルでは、絶対にやらないでくださいね。

おぼえましょう

やってみましょう！

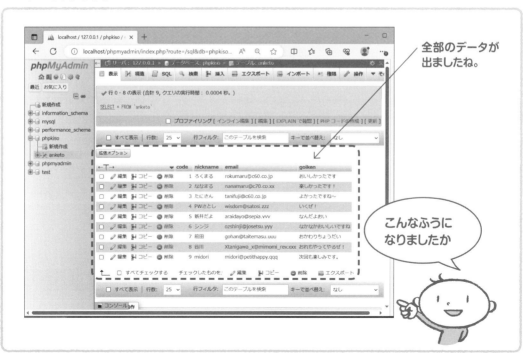

全部のデータが出ましたね。

こんなふうになりましたか

まだまだ遊べる SELECT 命令!

SELECT命令はとにかくいろんなことができます。いくつか例を示しますので、実際に遊んでみてください。SQL文の面白さがじわじわ分かってきますよ。

● code 4 - 15

遊び1　ご意見コードが1以上、かつ4未満のデータをください。
（数値検索）

```
SELECT * FROM anketo WHERE 1<=code AND code<4
```
　　　　　　　　　　　　　　　　　　　ご意見コードが1以上かつ、4未満

数値の大小を比べる方法
「aよりもbが大きい」‥‥‥‥‥‥‥‥‥‥a<b
「aよりもbが大きいか、aとbは同じ」‥‥‥‥a<=b
「aよりもbが小さい」‥‥‥‥‥‥‥‥‥‥a>b
「aよりもbが小さいか、aとbは同じ」‥‥‥‥a>=b

遊び2　ご意見に「かった」という言葉を含むデータをください。
（文字列検索はLIKE）

```
SELECT * FROM anketo WHERE goiken LIKE "かった%"
```
　　　　　　　　　　　　　　　　　「ご意見が"かった"で始まる」という意味。
　　　　　　　　　　　　　　　　　この例では「かったるい」はヒットするけど、
　　　　　　　　　　　　　　　　　「楽しかった」はヒットしない。

「かった」で始まる‥‥‥‥かった%‥‥‥‥ヒットする例：「かったるい」
「かった」で終わる‥‥‥‥%かった‥‥‥‥ヒットする例：「楽しかった」
「かった」を含む‥‥‥‥‥%かった%‥‥‥‥ヒットする例：「わかったのです」
「かった」そのもの‥‥‥‥かった‥‥‥‥‥ヒットする例：「かった」

ね？　面白いでしょ。こういう検索をプログラムで組んでいたら、日が暮れてしまうどころじゃないですよ。でもSQL文なら、ちょこっと表現を変えるだけでいろんな検索ができるのです。

ドキドキ！ データベース編

アンケートの一覧表示プログラムを作ろう！

**プログラムでデータを読み出して
表示することができるようになります。**

アンケートデータが追加される仕組みができたら、それを一覧で見える画面が欲しいですね。
これでデータの追加と読み出しの双方向ができるようになりますよ。

こんな画面にしてみましょう！

これが次の
ゴールです

全国から寄せられたアンケートがずらりと一覧で見えるこんな画面、欲しいですね。では作っ
ていきましょう！

データの一覧画面をつくろう！

まず準備をします。hina.htmlを「phpkiso」フォルダにコピーして、「ichiran.php」に名
前を変えてください。

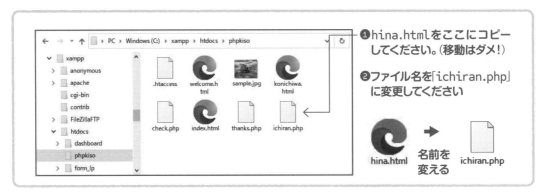

❶ hina.htmlをここにコピーしてください。（移動はダメ！）

❷ ファイル名を「ichiran.php」に変更してください

hina.html → 名前を変える → ichiran.php

ichiran.phpをTeraPadで開き、こんなプログラムを書いてみましょう。

● code 4 - 16

```
 7  <body>
 8
 9  <?php
10  $dsn='mysql:dbname=phpkiso;host=localhost;charset=utf8';
11  $user='root';
12  $password='';
13  $dbh=new PDO($dsn,$user,$password);
14  $dbh->setAttribute(PDO::ATTR_ERRMODE,PDO::ERRMODE_EXCEPTION);
15
16  $sql='SELECT * FROM anketo WHERE 1';
17  $stmt=$dbh->prepare($sql);
18  $stmt->execute();
19
20  $dbh=null;
21  ?>
22
23  </body>
```

接続 ← 10〜14行

指令 ← 16〜18行

「データを全部ください」というSQL文 ← 16行

切断 ← 20行

先ほどthanks.phpの改造でやりましたね。①データに接続し、②SQL文で指令を出し、③データベースから切断する、あの流れです。SQL文はSELECT命令を使って「データを全部ください！」に変えます。

書き終わったら、ブラウザでichiran.phpにアクセスしてみましょう！

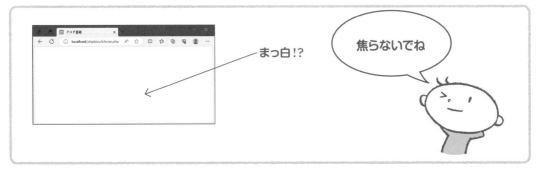

まっ白!?

焦らないでね

あれ!?画面が真っ白ですか!?　SQL文をちゃんとSELECTにしたのに、なぜ真っ白なのでしょう?　もうお気付きですね。そうです、print命令がどこにもありません。何も表示していないので真っ白なのですね。では、表示するプログラムを追加していきましょう。

データベースエンジンが返してきたデータはどこにある?

SELECT命令によってデータベースエンジンが返してきた結果データは、どこにあるのでしょう?　答えは、17行目や18行目に出てくる「$stmt」です。この変数の中に、結果のデータが詰まっているのです!それを取り出して、画面に表示すればよいのです。

どうやって $ s t m t からデータを取り出す?

結果のデータは$stmtに詰まってる!　そこまでは分かりました。次はその取り出し方です。

* code 4　17

これが $stmt からデータを取り出し、表示する方法だ!

```
$rec = $stmt->fetch(PDO::FETCH_ASSOC);
```

順番に1レコードずつ取り出す命令

その次に、これで1レコード目を表示することができます。

```
print $rec['code'];
print $rec['nickname'];
print $rec['email'];
print $rec['goiken'];
print '<br>';
```

カラム名を指定する。

おぼえましょう

2レコード目を取り出して表示するには、上記と同じことをすればいいのです。
自動的に2レコード目が取り出されます。
データがもうなくなると、$recにはfalseがコピーされます。
例えば全部で3レコードのデータだったとすると、4回目で$recにfalseがコピーされるわけです。
falseは「ないよ」とか「いいえ」を意味し、プログラミングではよく使う言葉です。

なんだかできそうですね。やってみましょうか？ いや、ちょっと待ってください。少し考えてみましょう。

まず1レコード目を$recにコピーし、表示します。また同じことをすれば、今度は2レコード目が$recにコピーされ、表示できます。次に3行目、次に4行目…あれ？ 同じプログラムをレコードの数だけ書かなければいけないのでしょうか？ それは何かおかしいですよね。

同じプログラムを自動でグルグル繰り返すことはできないものでしょうか？

グルグル回れ！

ありますよ、ちゃんと。それがグルグル回るループ命令です。

● code 4 - 18

これがグルグル回るwhile命令だ！

```
while(1)                          ──── (1) は無限ループを意味します。
{
    print 'A';      {  と  } の間を
    print 'B';      グルグルと
    print 'C';      繰り返します。
}
```

これを動かすと、画面には ABCABCABCABC……と、ABCの繰り返しで埋まっていきます。

おぼえましょう

でも…まだやらないで！

はい！まだやっちゃダメですよ！

確かにこの仕組みを利用すれば、繰り返し処理ができそうです。｛ と ｝ の間に「1レコード取り出しては表示する」というプログラムを組めば完成しそうですね。でもちょっと考えて見ましょう。どうやってプログラムが終わるのでしょうか？ だって無限にグルグル回るのですよ。

そうなんです。このプログラムを動かすと、無限ループに陥るのです。いわゆる「ふっ飛んだ！」とか「固まった！」というアレです。「すべてのレコードを表示し終わったらループから脱出する」という命令がないと、ふっ飛ぶのです！

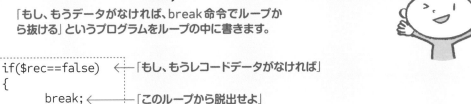

● code 4・19

これがループから脱出するbreak命令だ！

おぼえましょう

break;

「もし、もうデータがなければ、break命令でループから抜ける」というプログラムをループの中に書きます。

```
if($rec==false)     ←──「もし、もうレコードデータがなければ」
{
        break;      ←──「このループから脱出せよ」
}
```

準備が整いました。一覧表示プログラムを組んでみましょう！

こうやって組むのです！

こんなふうに組んでみましょう。プログラムの流れをよ〜く見てくださいね。

● code 4・20

```
18  $stmt->execute();  ──────────────── $stmtに結果データが詰め込まれます。
19
20  while(1)
21  {
22      $rec=$stmt->fetch(PDO::FETCH_ASSOC); ←──── 1レコード取り出し
23      if($rec==false) ──────────────── もしもうデータがなければ、
24      {
25          break; ──────────────── ループを脱出して34行目へ。
26      }
27      print $rec['code'];
28      print $rec['nickname'];
29      print $rec['email'];          1レコード分のデータを表示する。
30      print $rec['goiken'];
31      print '<br>';
32  }
33
34  $dbh=null; ←────
35  ?>
```

どうなってるか分かりますか？　この構造はとても大事です。焦らず、面倒くさがらず、1行1行目で追ってみてください。「へ〜、なるほど！」と分かるはずです。

分かったところで、では動かしてみましょう！

データの一覧が出ましたね。

こんなふうに
なりましたか

もし、ブラウザが固まったりしたら、慌てずにタスクマネージャーなどでブラウザを閉じてください。たぶんループの脱出に失敗しています。プログラムを確認してみてください。if文がこんなことになっていませんか？

```
if($rec=false)  …=が1つしかない
if($rac==false)…$recのスペルがおかしい
if($rec==felse)…falseのスペルがおかしい
```

どれもエラーにならずに動いてしまいます。それで脱出できなくて無限ループに陥っているのです。

一覧が出たあなた、おめでとうございます！　これでデータの追加と読み出し、もっとも基本的な双方向のやりとりができるようになりました。さあ、次は何をしましょうか？　検索機能なんかいかがですか？　大変そう？　いえいえ、驚くほど簡単にできます。それがデータベースのすごいところなのです。

おめでとうございます！

while(1)の「1」ってナニ？

while命令のカッコ内には「回り続けるための条件」を書くことができます。
ここでの1は「Yes」「正」「真」などの意味を持っています。

while($kazu<10)と書けば、$kazuが10より小さいとき、判断結果は「Yes」となるのでループは回り続けます。$kazuが10以上になると判断結果は「No」となるので、ループから抜けます。
while(1)とは常に「Yes」なので、「永遠に回りなさい」という意味です。break命令に来るまで回り続けます。

ドキドキ！ データベース編

データを検索してみよう！

SQL文なら検索画面がとっても簡単にできることが分かります。
その驚きのプログラムを作ってみましょう。

では、データの検索機能を作ってみましょう。難しいと思ってませんか？ いやいや、驚くほど
簡単です。そこがSQL文の凄さなのですよ！

これからこんな画面を作っていきます！

どうですか？やっぱり難しそうですか？ 大丈夫です。
今までお伝えした知識でできますよ。そればかりか、今
まで作ったプログラムをコピーして改造するだけで、で
きちゃうんです！

これが次の
ゴールです

検索画面をつくろう！

では準備をしましょう。以前作った index.html を同じ場所にコピーして、「kensaku.html」に名前を変えてください。続いて ichiran.php を同じ場所にコピーして、「kensaku.php」に名前を変えてください。

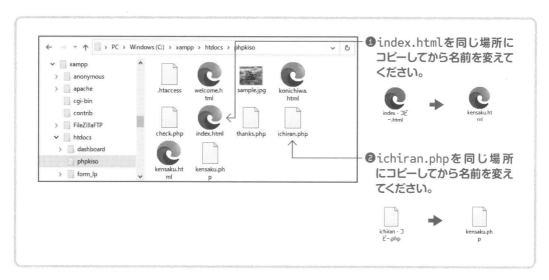

❶ index.html を同じ場所にコピーしてから名前を変えてください。

❷ ichiran.php を同じ場所にコピーしてから名前を変えてください。

index.html（アンケート入力画面）をコピーすれば、ご意見コード入力画面に改造できそうですね。だって入力項目を減らして、名前を変えたりすればいいだけですから。kensaku.php はご意見コードを受け取って、SQL 文に WHERE を追加すればできそうです。さあ、やってみましょう。

● code 4 - 21

kensaku.html を開いて、余分な行を削除し、こんな改造をしましょう。

```
 7  <body>
 8                              ┌── 飛び先を変える
 9  <form method="post" action="kensaku.php">
10  ご意見コードを入力してください。<br> ←──────── セリフを変える
11  <input name="code" type="text" style="width:100px"><br>
12  <br>        ┴──────── ここも適切に変える
13  <input type="submit" value="送信">
14  </form>
15
16  </body>
```

こんなふうに改造することで楽にプログラムを組むことができます。こうしたテクニックも大切ですよ。

kensaku.php を開いて、こんな改造をしましょう。

```
 9 |<?php
10 |$code=$_POST['code'];  ←──────────────── ここも適切に変える
11 |
12 |$dsn='mysql:dbname=phpkiso;host=localhost';
```

SQL 文の部分もこんなふうに改造しましょう。

```
18 |$sql='SELECT * FROM anketo WHERE code='.$code;
```

入力されたご意見コードが「3」だとしたら SQL 文は、

    SELECT * FROM anketo WHERE code=3

になることが分かりますか？分からなければ、プログラムをよ〜く眺めて、何をしているのか
理解してくださいね。

さあ、動かしてみましょう！

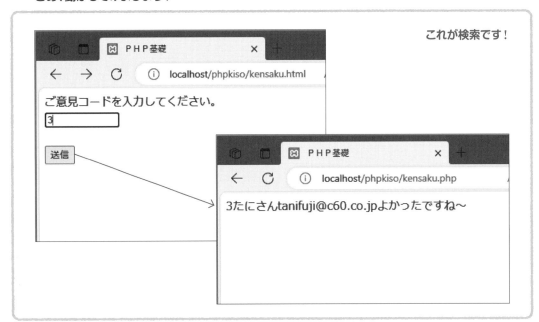

これが検索です！ できましたね！
応用として、LIKE と % を使って、ご意見コードの代わりにご意見を
検索することもできそうですね。あなたのアイデア次第ですよ！

ドキドキ！データベース編

とっても悪〜い行為から守ろう！

世界には悪知恵を働かせる人たちがいます。
そんな悪い行為「SQLインジェクション」からデータを守る方法を紹介します。

インターネットにWebサイトを公開すると、世界中から見られます。中には悪い人たちがいるのです。そんな賢くて悪意ある行為からあなたのWebサイトを守る必要があるのです。

悪〜いことをやってみよう！？

対策を講じるにはまず敵を知ることです。悪い行為を実際に自分でやってみましょう。え！？大丈夫かって？　大丈夫です。まだXAMPPでやってるだけなので、目の前のパソコンの中の出来事で終わります。誰にも迷惑は及びません。さあ、安心してやってみましょう！

kensaku.htmlで、ご意見コードではなくて「3　or　1」と入力してみましょう。

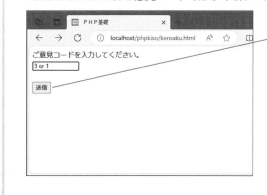

え〜〜!!
全部出てしまいましたね。

うーん
これは困り
ましたね

これが悪〜い行為の代表格「SQLインジェクション」だ！

3 or 1 ← こう入力されると、プログラムで作られるSQL文はどうなるのでしょうか？

SELECT * FROM anketo WHERE code=3 or 1 ← こうなりますね。

つまりこれは「ご意見コードが3か、もしくは全部のデータをください」という意味になってしまうのです。
「or 1」が、「もしくは全部」と言っている部分です。
だから別に3でなくても何でもいいワケです。「100 or 1」でも「99999 or 1」でも、「もしくは全部」となれば、データは全部いただきです。怖いですね…

分かりましたか？　こんなに単純で、こんなに恐いのです。
Webサイトによっては、個人情報を全部持っていかれてしまうかもしれません。さらに高度な SQL文を使って、データを改ざんされたり、データを破壊されるかもしれません。これがSQL インジェクションという、とっても悪〜い行為の代表格です。

≡ ＳＱＬインジェクションを防ぐ！

防ぐ方法はちゃんとあります。これからデータベースを扱うときは、必ずこの方法を使ってください。

これがSQLインジェクションからデータを守る「プリペアードステートメント」だ！

❶変数の連結をやめて、データを入れたい部分を「?」で表現します。
```
$sql = 'SELECT * FROM anketo WHERE code=?';
```

❷データは別の変数に格納します。
```
$data[]=$code;
```

❸SQL文で命令を出すときに、データを格納した変数を指定します。
```
$stmt->execute($data);
```

ん〜、ちょっと分かりづらいですね。さっそくプログラムを直してしまった方が早そうです。
よ〜く見ながらkensaku.phpを直してみてください。ここは「そういうものなんだ」と理解してください。

●code 4 - 25

```
18 |$sql='SELECT * FROM anketo WHERE code=?';
19 |$stmt=$dbh->prepare($sql);
20 |$data[]=$code;
21 |$stmt->execute($data);
```

さあ、どうなるでしょうか？　やってみましょう。

今度は大丈夫ですね。これがプリペアードステートメントという書き方です。今後はこの書き方で組んでくださいね。

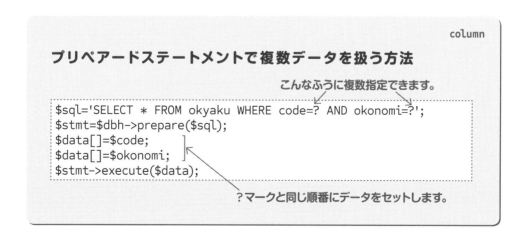

column

プリペアードステートメントで複数データを扱う方法

こんなふうに複数指定できます。

```
$sql='SELECT * FROM okyaku WHERE code=? AND okonomi=?';
$stmt=$dbh->prepare($sql);
$data[]=$code;
$data[]=$okonomi;
$stmt->execute($data);
```

？マークと同じ順番にデータをセットします。

ドキドキ! データベース編

サーバーがダウンしたら!?

データベースサーバーがダウンしたら大変です。
でも大丈夫。ここではその対策をお伝えします。

データベースサーバーがもしダウンしたら…考えたことありますか? 何か良からぬことが起きそうな予感がプンプンしますね。体験するのが早いです。XAMPPでシミュレーションしてみましょう。簡単にできますよ。

MySQLを停止してみよう!?

データベースをダウンさせるには、MySQLを停止させればいいのです。

Windowsの場合

❷みどり色の表示が消えればOK。

❶Stopボタンをクリックすると、表示がStartに変わります。

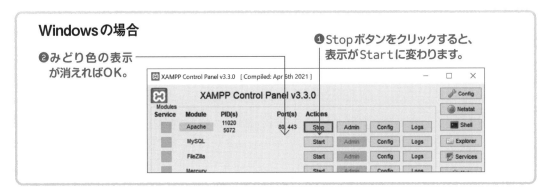

Macの場合

❶MySQL Databaseをクリック

❸みどり色の丸が赤丸に変わればOK♪

❷[Stop]ボタンをクリック

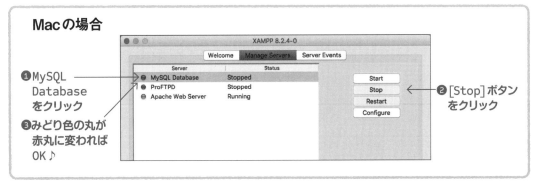

これでデータベースサーバーがダウンしたのと同じ状態になりました。では、何が起きるのか見てみましょう! index.htmlにアクセスし、アンケートを入力してサンクスページまで進んでみてください。

大変なことになりました。お客様が見ているはずの画面に、エラー表示が出てしまいました。

Fatal error: in C:¥xampp¥htdocs¥phpkiso¥thanks.php on line 13

XAMPPのバージョンによっては、表示されるメッセージが異なるかもしれません。

エラーだ！
これはまずいですね。

XAMPPでよかったですね。これが本番サーバーだったら大変です。せっかくアンケートを入力してくれたユーザーの皆様の信用を失ってしまいます。

データの自動保存はサーバーが復旧しない限り諦めなければなりませんが、せめてユーザーの信頼は守りたいですよね。そんなワザをお教えしましょう。そのひとつは、エラー画面の代わりにお詫び文を表示することです。それを可能にするのが「エラートラップ」です。

エラートラップで言い訳をしよう！？

• code 4　26

これがエラートラップ命令「try ～ chatch」だ！

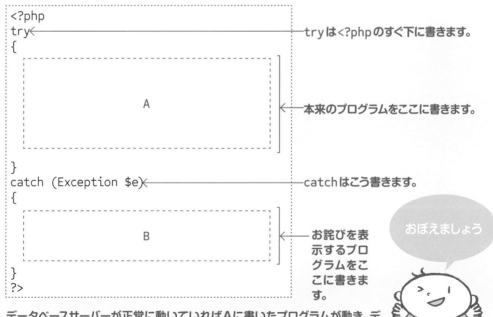

```php
<?php
try
{



           A



}
catch (Exception $e)
{


           B


}
?>
```

tryは<?phpのすぐ下に書きます。

本来のプログラムをここに書きます。

catchはこう書きます。

お詫びを表示するプログラムをここに書きます。

おぼえましょう

データベースサーバーが正常に動いていればAに書いたプログラムが動き、データベースサーバーがダウンしていたらBに書いたプログラムが動きます。

thanks.phpにエラートラップtry ～ catchを追加してみましょう。

* code 4 - 27

thanks.phpの上の方

```
 7 |<body>
 8 |
 9 |<?php
10 |try
11 |{
12 |$dsn='mysql:dbname=phpkiso;host=localhost';
```

thanks.phpの下の方

```
46 |
47 |$dbh=null;
48 |}
49 |catch(Exception $e)
50 |{
51 |        print 'ただいま障害により大変ご迷惑をお掛けしております。';
52 |}
53 |?>
```

さあ、どんなことになるでしょうか。index.htmlにアクセスして、アンケート入力からやって
みてください。

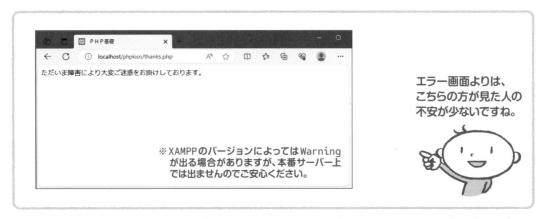

データベースサーバーへの接続が失敗したので、catchに書いたお詫び表示のプログラムが
動いたわけです。これで、サーバーの吐き出す冷たいエラー画面ではなくて、あなたがデザイ
ンしたお詫び画面を表示することができます。ユーザーはお客様です。不安感を取り除いて
あげることも大切なのです。
※次のページのためにMySQLの[Start]ボタンをクリックし、起動しておきましょうね。

ドキドキ！ データベース編

Webアプリを実感しよう！

あなたはこれまで自力で Web アプリケーションを作り上げてきました。
その凄さを実感しましょう。

お疲れさまでした。そしておめでとうございます！ 自力でここまでプログラムを組んできた
ことに、自信を持ってくださいね。堂々と「自分で作った！」と言っていいのです。次は本書で
お伝えできる最後のプレゼントです。

管理メニューを作ろう！

これが出来上ると凄いプログラムを作り上げたことを実感できます。それが「管理メニュー」
です。このメニュー画面から、一覧画面や検索ページへ自由に飛ぶことができます。そしてま
た管理メニューに戻ってきます。さあ、作りましょうか。hina.htmlをコピーして、menu.
htmlに名前を変えてください。

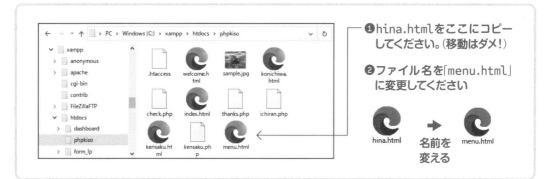

❶hina.htmlをここにコピー
してください。（移動はダメ！）

❷ファイル名を「menu.html」
に変更してください

hina.html　名前を変える　menu.html

menu.htmlを開いて、次のとおりのHTML文を書いてみましょう。もうPHPは出てこないで
すよ。

```
 7 <body>
 8
 9 管理メニュー <br>
10 <br>
11 <br>
12 <a href="ichiran.php">アンケート一覧</a><br>
13 <br>
14 <br>
15 <a href="kensaku.html">アンケート検索</a><br>
16 <br>
17 <br>
18
19 </body>
```

次に、ichiran.php、kensaku.html、kensaku.phpの3つに、こんなHTML文を追加します。

ichiran.phpにこんなHTML文を追加します。

```
34 ?>
35
36 <br>
37 <a href="menu.html">メニューに戻る</a>
38 </body>
```

kensaku.htmlにこんなHTML文を追加します。

```
14 <\form>
15
16 <br>
17 <a href="menu.html">メニューに戻る</a>
18 </body>
```

kensaku.phpにこんなHTML文を追加します。

```
37 ?>
38
39 <br>
40 <a href="kensaku.html">検索画面に戻る</a> ←── ここ間違わないでください。
41 </body>
```

これでmenu.htmlにアクセスしてみましょう。

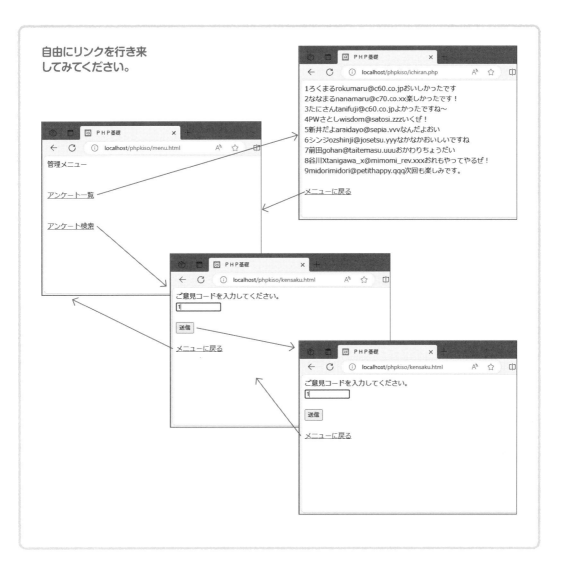

自由にリンクを行き来
してみてください。

管理メニュー

アンケート一覧

アンケート検索

localhost/phpkiso/ichiran.php

1ろくまるrokumaru@c60.co.jpおいしかったです
2ななまるnanamaru@c70.co.xx楽しかったです！
3たにさんtanifuji@c60.co.jpよかったですね～
4PWさとしwisdom@satosi.zzzいくぜ！
5新井だよaraidayo@sepia.vvvなんだよおい
6シンジozshinji@josetsu.yyyなかなかおいしいですね
7前田gohan@taitemasu.uuuおかわりちょうだい
8谷川Xtanigawa_x@mimomi_rev.xxxおれもやってやるぜ！
9midorimidori@petithappy.qqq次回も楽しみです。

メニューに戻る

localhost/phpkiso/kensaku.html

ご意見コードを入力してください。

1

送信

メニューに戻る

localhost/phpkiso/kensaku.html

ご意見コードを入力してください。

1

送信

メニューに戻る

どうですか？　ちょっと感動しませんか？　自分がWebアプリを作ったことを実感できますよね。

そうです、あなたは自力でWebアプリケーションを本当に作ってしまったのです。本書の最初の方のページをパラパラと見てください。「本当に自分にできるのかな？」なんて思いながらやっていた頃が懐かしいですね。

サーバーにアップロードしてみよう！

XAMPPではWebサイトを世の中に公開できませんが、レンタルサーバーを使えば可能です。レンタルサーバーもすっかり安くなりましたし、昔と違って、個人でも月額数百円から借りられる時代になりました。自分で作ったWebサイトはぜひともそうしたサーバーにアップロードして、インターネット上で動かしてみてください。

アップロードするのに必要なソフトが「FTPソフト」と呼ばれるものです。定番はWindowsなら「ffftp」、Macなら「Cyberduck」「FileZilla」という名前のソフトです。検索してみてください。無料でダウンロードして使えます。FTPソフトの使い方は、アップロード先となるサーバーごとに事情が異なるので、本書で解説できるのはここまでです。

インターネット上のサーバーにアップロードすると、実際にメールが飛んできます。試しに、アンケートページのメールアドレス入力欄に、あなたの携帯メールアドレスを入力してみてください。本当にメールが飛んできます。これは感動しますよ。もちろん、データベースに自動で蓄えられるんです。

そんなことが世界のどこにいてもできるのです。そう、世界中からです。もし海外旅行に行くことがあったら、ぜひともご自身のWebサイトを見てください。異国の地で自分の作品を見るって、不思議な感覚ですよ！

ドキドキ！　データベース編

おめでとうございます！

あんなことやら、こんなこと、あなたはもういろんなことができますよ。

ここまで本当にお疲れさまでした。そしておめでとうございます。さあ、楽しいのはこれからですよ！

もうあなたはプログラミングの入り口をくぐりました！

本書に出会う前、あれほど遠い世界だと思っていたプログラミングの世界…。ホントに自分にもできるのか不安だらけだった気持ち…。今あなたはどんな景色を見て、どんな気持ちですか？

「ワクワクしてる」

「キツネにつままれたみたいで、ピンときてないけどできた」

「もう作れるかも…」

その気持ちを大切にしてください。あなたはもうプログラミングの世界に入ったのです。

本書のことを忘れそうになった頃、たまに読み返してみてください。「わ！簡単！」とか、「えっ！こんなことで悩んでたの！？」とか、いろいろ感じるはずです。まるで、大人になってから小学校の教科書を読み返したときのような気分。入口をくぐったあなたは、それほどスキルアップしていくのです。

そんなに遠くない未来ですよ。

さあ、行ってみましょう！

あなたはすでにプログラミングの基礎を身に付けたのです

逐次処理、条件分岐、ループ処理、データ入力、データ出力… これらはプログラミングの基礎です。「そんな小難しいことはまだ勉強してないよ」とお思いの方、実は本書を通じてあなたはすでに身に付けてしまったのです。「え!?」と思いましたか?

本書はそれらプログラミングの基礎を、入門書がわかりやすかった時代の方法と、簡単な言葉を使いお伝えしたのです。苦しい「お勉強」をすることなしにです。だって小難しい単語ビッシリの本だったら、あなたはここまで来ることはできなかったでしょう。 でも、今これを読んでいるということは、楽しく終えることができたのですよね? であれば、あなたにはもうプログラミングの基礎が身に付いているのです。「お勉強禁止!」 で身に付けることはとても大切なのです。

ＰＨＰとＭｙＳＱＬでどんなことができるの？

アイデア次第で何でもできますよ! いくつか例を挙げてみますね。

- ・地元の商品を全国に販売できるショッピングサイトを自分で開設して、地域振興に貢献したい。
- ・生年月日とメールアドレスを入れるだけで、その日の運勢がメールでわかる占いサービスをやりたい。
- ・Excelで管理している在庫情報や顧客情報をWeb化して、外出先からも閲覧できるようにしたい。

…などなど。 あなたのアイデア次第で、この世に1つしかないシステムを作ることができるのです。

作りたいものが決まったら、「いきなり作り始める」ことが大切です。たぶんそう簡単にはいかないでしょう。 もしかすると、「せっかく作ったプログラムを書き直し」なんてことがあるかもしれません。投げ出したくなるときがあるかもしれません。最初はそれでいいのです。

簡単に終わるクロスワードパズルは楽しいですか? 5分でボスキャラを倒せるゲームは楽しいですか? プログラミングも苦労して作り上げていく過程を楽しむのです。驚くほどできるようになっていきますから…。これこそがお勉強に頼らず、楽しみながら、最短でゴールにたどり着く方法なのです。

上級編があるの!?──『気付けばプロ並みPHP』

本書の姉妹書『気付けばプロ並みPHP』は、実は本書の続きではないんです。もうちょっと高度な内容の本です。本書を終えたあなたがご自分でチャレンジした後や、私の講座を受講した後のことなどを想定して書いた上級編の本です。初級の本書と上級編の間にあるはずの「中級編」は、あなたご自身の体験に任せることにしたのです。ぜひこの上級編にチャレンジできるように、まずはあなた自身で何か作ってみましょう。

これから先、分からないことがあったら？

いきなり作ってみることは確かに大切なのですが、たくさんの壁にぶつかると思います。Web で検索しても、よけい分からないときもあるでしょう。

いっそ、私の教室に来ませんか？ 「谷藤賢一 1日でできる」で検索してみてください。

1日でPHP、もう1日でMySQLができるようになるプログラミング入門講座を秋葉原でやってます。私が直接教えますし、受講料も安いので、安心してください。本書では伝えきれないあんなこと・こんなことが、たくさん分かるようになりますよ。その先には『気付けばプロ並みPHP』もありますから、さらに安心です。大金を使わなくても、何カ月も時間を割かなくても、驚くほどできるようになるものなのです。

またお会いしましょう！

プログラミングの世界へあなたをお連れする旅も一旦ここまでです。

本当によくここまで来ました。

最後にあなたの背中をポンと押させていただきました。

またどこかでお会いしましょう！

あとがき

　私がプログラミングを始めたのは1981年のことです。当時は8ビットパソコンの創世記。今の
パソコンと比べると、何もできないに等しいほど非力でした。その非力なマシンに何をさせる
か、まだ4誌しかなかった雑誌上で先駆者達がアイデアをぶつけ合っていた頃です。

　面白かったですね。パソコンは高価で買えませんから、パソコンをいじるためだけに大きな電
気屋さんに行くのです。そこには常連のマニア達が集結していました。お店ですから、もちろん
普通のお客さんも大勢来ます。その大人たちから、「なんだこの少年達は!?」と、まるで宇宙人
を見るかのような驚きの目で見られるのです。「僕達は時代の最先端を突っ走っている」という
実感がありました。私は今でもブラインドタッチができませんが、超高速で激しい音を立てなが
らキーを打ちます。このスタイルはこの頃確立したものです。打楽器を乱打するようなキーボー
ドパフォーマンスには、幾度となく人垣ができました。不自由な時代でしたが、今では味わえな
い楽しさがありました。

　プロの世界に入ったのは1987年。大学1年生の私を雇ってくれたベンチャー企業で、アマチュ
アからプロのエンジニアへと脱皮していきました。若くして入り浸ることとなったプロの世界
は、もう目からウロコの毎日でした。「設計は凝ってはいけないよ」、「技術だけじゃダメ。大切
なのは技術と営業の両輪なんだよ」。考えもしなかったことに感動の連続。先輩達とお酒も呑み、
社会の仕組みや人生を教えてもらいました。

　この頃、終身雇用制や学歴社会への疑問が沸騰することとなり、就職後は計画的に12社を渡り
歩くことになります。社員数にして3人から1万人、技術・営業・外資・大都市・地方と、バリ
エーション豊かな転職を重ねました。

　田んぼに面したアパートの1室が会社だったこともあります。そこで毎日やっていたこと、そ
れはいかに仲間を笑わせるかです。もう勝負でしたね。外出すれば飲みかけのジュースが青汁に
なってるし、誕生会ではゲテモノを食わされる。そんな会社が、私の経験した中で最も高い技術
力を誇った会社です。

　営業職でも同じでした。有名人材企業の銀座支店にいた頃です。ここも笑わし合いをしてい
て、他の部署からは「動物園」と呼ばれました。支店の売上はぐんぐんアップし、社長賞を受
賞。お祝いに、著名人でもあったカリスマ女性社長をニューハーフ系のお店に連れ出しました。
社長を囲んでオネエさんたちと撮った写真は今でも大切にしています。「楽しむ」ことの正しさ
の象徴として。

　新宿の外資系企業で営業をしていたとき、そこでの教えは「for youの精神」でした。自分の
都合よりも、お客様に何をして差し上げるかが大切。結果は必ず後からついて来る、という考え

でした。私の斜め前のデスクには、売上世界第1位の女性営業が座っていました。彼女の存在こそが「顧客中心」の証明でした。先述の銀座支店では笑わし合いと同時に、この外資系企業と同じことを使命感でやっていたのです。当時は気付きませんでしたが、最強の営業組織だったようです。売上急上昇になるはずです。

　強力なチーム活動や、自分の夢を叶えるために、職種や文化の違いを越えて最も大切なことは2つ。人に尽くすことと、存分に楽しむことです。それが心理学の面からも正しいと分かったのは2000年代後半でした。積極的に楽しむことを解く「フロー理論」を知ったとき、学問的にも間違っていないのだと確信しました。

　本書が「楽しむこと」を大切にしてきたのは、ただの思い付きではなく、永年の経験と心理学に基づく方法なのです。もう学校ではありません。受験を目的とした詰め込みの「お勉強」は不要です。「いかに楽しくやるか」こそが大切なのです。

　そして本書は魂を削る思いで執筆しました。なぜそこまでやるのか、迷いは全くありませんでした。本書を買ってくださった方は全員、プログラミングができようになる。そのような本を書くことは「for youの精神」そのものだからです。「そんな書籍を出してしまったら、秋葉原の教室に誰も来てくれなくなるではないか？」確かにそうかもしれません。でも私は、そうは考えませんでした。「誰も来なくなるほど効果のある本が書けたら、スゴイではないか！」こっちの方が自然です。

　「for youの精神」で行けば、どんな形かは分かりませんが、何かよいことが必ず返ってくるでしょう。読者の皆さんもハッピー、私もハッピー、出版社もハッピー、販売店もハッピー。こんないいことはありません。私はこうした関係を「ALL WIN」と呼んでいます。アダム・スミスの国富論からは、ALL WINが理想論や綺麗事ではなく、リアルなビジネスの在り方であることが読み解けます。

　そんな私の思いを的確に読み取り、ツボを突くアドバイスや刺激を与えてくださったリックテレコムの蒲生達佳さん、松本昭彦さんには、尊敬の念とともに感謝を申し上げます。若かった私を育ててくださった諸先輩方、魂をぶつけ合った仲間達、私の講座の受講者のみなさんには、いくら感謝してもし切れません。また、谷川康平はじめ、志半ばで遠い世界へ行ってしまった幾人かの仲間に本書を捧げます。

　そして読者であるあなたにこそ、最大限の想いを込めて本書を捧げます。

2011年11月　著　者

参考文献

（本書の執筆に際して筆者が影響を受けた本です）

『藤井旭の天体写真教室』藤井 旭著、誠文堂新光社、1976年

　　少年の私はどれだけこの本を立ち読みしたことか。それほど引力の強い本でした。結局当時は買ってもらえず、本書執筆中にオークションで入手しました。35年ぶりに対面し、驚くべき発見がありました。色使い、文字フォント、言い回しなど、まるでいつもの私と同じ。私が書く原稿や提案書の源流は、この本にあったのです。子供の頃に見聞きしたものって、脳の奥に焼き付いているものなんですね。本書にもそのテイストが滲んでいます。

『よくわかるマイコンの使い方遊び方──趣味の技術入門』
谷本敏一・野島久雄著、新星出版社、1979年7月

　　私が最初にプログラミングを覚えた本です。何度も何度も読み返し、もうボロボロです。本書を執筆するにあたり、あのワクワク感を思い出すために、もう一度読み返しました。

『PC-8001/8801マシン語入門』塚越一雄著、電波新聞社、1982年7月

　　当時、アセンブラ言語の習得はハードルが高いとされていました。そのとき、これでもかというくらい「大丈夫」という気分にさせてくれた本です。いつの間にか理解できていました。技術にはお勉強よりもワクワク感や安心感が大切であることを確信させてくれました。

『作れるマイコンインタフェース──ホビーエレクトロニクス（14）』
矢野越夫著、日本放送出版協会、1984年1月

　　アセンブラよりもさらにハードルの高いハードウェア設計。安心できる言葉と、リアルな現場感覚の言葉が全面に散りばめられた本です。「ハードウェアですら身構えて勉強する必要はない」という安心感を与えてくれました。本書にもたまに出てくる泥臭い表現は、この本の影響によるものです。

『入門C言語──アスキー・ラーニングシステム 入門コース』三田典玄著、アスキー、1986年3月

　　C言語の入門書の中でも、ずば抜けて分かりやすかった本です。複雑な概念を、どう分かりやすく伝えるか。まずやってみて、あとからなぜ？を考える姿勢はこの本から学びました。C言語の聖典K&R（プログラミング言語C）よりも、こちらの本が当時の私にとってバイブルでした。本書の執筆にあたり、技術を紙面で伝えることの意義を改めて考えさせてくれた本です。

改訂にあたって

　1980年代、会社の先輩や、ワクワクするコンピュータ書籍の数々によって、私はエンジニアとして育てられました。時が経ち、『いきなりはじめるPHP』を執筆したのはあの震災の年。つい最近のことと思っていたら、随分と年月が経ったものです。

　執筆当時、私が心に誓ったこと、それは‥‥

　・1980年代のようなワクワクするプログラミング入門書に仕上げる！

　・真似されるような入門書に仕上げる！

　そして本当にワクワクする入門書として完成させることができました。Amazon全書籍の「売れ筋ランキング」で400番台に食い込むなど、IT書籍としては驚異的な実績を残すことができました。

　あとは真似されるだけ——。初心者に寄り添う入門書が続々登場し、私の本なんか隅に追いやられてしまうことを夢想していました。「ワクワクするプログラミング入門書が再び世に溢れるようになったら、日本の技術は昔のような輝きを取り戻すかも」——そんな淡い願いがありました。

　あれから十数年。確かに「かわいい表紙」のプログラミング入門書は増えました。しかし、中身まで初心者に寄り添ってくれるプログラミング入門書はどこに？

　「真似するのは表紙のかわいさではなくて中身でしょ！」、「頼むから中身をパクッてよ！」このセリフ、13年間で何度も頭をよぎりました。

　一方、日本のIT技術者不足は深刻さを増すばかり。2020年、小中学校でプログラミングの授業が必修科目になりました。巷には子ども向けプログラミングスクールがたくさんできました。しかしそれはIT技術と言えるのか？　いやそれ以前に、なぜ日本では専門学校や情報系大学で学んでも即戦力にならないのか？　政府はその情報系大学の間口だけを広げようとする始末。日本の技術力が世界一の座から転落していった時代と、IT教育インフラが整っていった時代と、なぜピタリ重なってしまうのでしょう？

　日本の技術力が世界の頂点に君臨していた時代。IT教育なんて、ほとんど存在していなかった平成初期までの時代。当時の初心者は短期間で超絶な技術を身に付けていました。答えはあの時

代にあるじゃないですか。実績もあるじゃないですか。そうです、あの時代ですよ。あのやり方を今やればいいのです。ただそれだけのことです。

『いきなりはじめるPHP』は本当に多くの人の手に行き渡りました。そして挫折から救いました。そんな本を書いた私ってすごいのですか？ それは断じて違います。

私がまだ新人エンジニアだった頃、私たちの世代を育ててくれた先輩世代がすごかったのです。それを真似ただけです。

「またまたご謙遜を。谷藤さんがすごいんですよ。」そんなお言葉もたくさんいただきました。お言葉だけはありがたく頂戴しますが、腹には落としません。せっかくですが、腹に落とせないのです。お褒め頂くたびに、私の心はため息と共にス〜っと冷めていくのです。

プログラミング入門書は、初心者に寄り添うだけでいい。ベテランの知識をひけらかす必要もない。どうしてもそれを伝えたかっただけなのです。そして多くの著者に真似してほしかったのです。

どうすれば多くの人を挫折から救い、素晴らしいプログラミングの世界へと誘うことができ、ベストセラーとなるプログラミング入門書が書けるのか？ 2011年の『いきなりはじめるPHP』旧版にその答えを残しました。そう、真似できるようにしっかり残したんです。それはどのページのことか、気付きましたか？ 答えは「参考文献」です。紙面の都合で数冊しかご紹介できませんでしたが、あれが答えです。私はあそこにある1980年代の超絶な入門書のテイストをミックスして執筆しただけなのです。

この度、改訂版を執筆させていただきました。改訂にあたり、リックテレコム社からは「思いっきり変えてしまっていい」と言われておりました。しかし、旧版『いきなりはじめるPHP』を読み返す程に、ほとんどいじる部分がないことに自分自身で気付いていきました。旧版は「こうしか書きようがない」という純度に既に仕上がっていたのです。この純度こそが、1980年代の先人のみなさんの力から自然に生み出されたものなのです。私はいわばダウンロードしただけと言ってもいいでしょう。

これを読んでいるIT書籍（特に入門書）の著者のみなさん、1980年代の世界一の英知を私といっしょに広げませんか？ 今の小難しい入門書スタイルから脱出し、多くの人を救えることでし

ょう。

　今これを読んでいるプログラミング初心者のみなさん、よくぞここまで読んでくださいました。とにかくこの本に辿りついたこと、おめでとうございます！　楽しかったでしょう？　これがプログラミングの世界ですよ。「お勉強」クソ食らえです。プログラミングは楽しんだ者勝ちです。ぜひ秋葉原の教室で私とお会いしましょうよ。

　さて、旧版の頃と今とでは、私の仕事に大きな変化がありました。「子ども社会塾」という習い事スクールをオープンしたことです。生徒たちにC言語でのロボット制御を教える授業があります。ソースコードを打って、コンパイルして、デバッグして、ロボットにマシン語を転送して、動かす。生徒たちはここまでの手順を10分間で覚えます。

　10分ですよ！　文部科学省の定める6年間のカリキュラムは1時間半で終わってしまいます。ほら、1980年代の方法で教えればできちゃうのですよ。子ども社会塾の授業でも、昔の方法の正しさが証明されているのです。

　さて、この文もそろそろ締めましょう。

　改訂版のチャンスを頂けたのも、執筆できたのも、旧版のあとがきに書いた方たちのおかげという思いは今も変わりません。そこに私の生徒たちを加えさせていただきます。「子どもから学ぶことは多い」とよく聞きますが、実際こうして生徒たちと向かい合っていると本当にそれを実感します。この未熟な谷藤先生にプログラミングとは何かをいつも教えてくれる生徒たち‥‥みんな最高だぜ！

2024年4月　谷藤賢一

世の中のこと 「生きる力」専門のスクール お金のこと
子ども 社会塾®
プログラミング sjuku.jp 能力開発

PHPのご先祖、C言語でプログラミングをしてロボットを動かします。本書での伝え方と基本は同じで、大人向け教室と変わりません。驚異的なのは、ソースコードを打ってコンパイル、デバッグ、マシン語転送までを子どもたちは10分で覚えてしまうことです！

ロボットプログラミングは楽しいことばかりなので、不登校、特性がある、長続きしない、そんなお子さんもここでは輝きます。

プログラミング以外にも、学校で教えてくれない大切なことをみんなで学ぶ、生きる力専門のスクールです。秋葉原・つくば・オンライン。

不安定な世の中をブルドーザーのように 力強く生き抜く大人に！

sjuku.jp/lp

C60のページ

C60(シーロクマル)とは、著者の私が2009年に秋葉原にオープンした秘密の隠れ家教室です。「こんなところに教室が!?」まさに隠れ家。大人向けのプログラミング講座、子ども向けの習い事「子ども社会塾」をこっそりやっています。これまで数千人のみなさんがこの小さな小さな教室で学んでいきました。スクールで挫折した方の駆け込み寺にもなっています。IT業界への転職をお手伝いした方もたくさんいます。ホンモノを学びたい方だけにホンモノを、楽しく愉快に教えたくて、人生を変える学びをしてもらいたくて、今も小さい教室のままやっています。

C60は人生を変える学びの場

プログラミング入門なら1日です。信じられますか?1日ですよ。この本を攻略した方であれば「この著者ならやってくれるかもしれない」と分かっていただけますよね。そう、やれるんですよ。1日あればかなりのことができるようになります。それならどんどんチャレンジできるじゃないですか!

さあ、それだけじゃないです。IT業界への転職のお手伝いも長年やっています。フリーターからITエンジニアへ華麗に転身した方など、C60で人生がガラリ変わった方がたくさんいらっしゃいます。だって、そもそも学びってそういうことですよね。

元ITエンジニアのキャリアカウンセラー

異色の経歴を武器に、いろんな授業、講演をしてきました。

東京電機大学・埼玉学園大学・浦和大学・目白大学・立正大学・神奈川県立商工高校・神奈川県立和泉高等学校・横浜市立戸塚高校・川崎市立平中学校・川崎市立宮崎中学校・東京学芸大学附属世田谷小学校・横浜市立つつじが丘小学校・横浜市立幸ヶ谷小学校・足立区立花畑中学校・つくば市立吾妻小学校・つくば市立吾妻中学校・つくば市立茎崎第二小学校・つくば市立茎崎第三小学校・つくば市立茎崎中学校・つくば市立谷田部南小学校・Kg高等学院・学習塾スイング・学習塾ブレックスクール・東京都中小企業振興公社TOKYO起業塾・東京都ひとり親家庭支援センター「はあと立川」・早稲田社会教育センター・相模原市就職支援センター・NPO法人ユースポート横濱・NPO法人学生キャリア支援ネットワーク・コラボ西川口・東京しごとセンター・NPO法人キーパーソン21・NPO起業とキャリア支援センター・埼玉県職業能力開発センター・かわぐち若者サポートステーション・ふなばし地域若者サポートステーション・NPO法人全国引きこもりKHJ親の会・愛川町相談指導教室「絆」・NPO法人日本ITイノベーション協会・つくば市男女共同参画・つくばみらい市コミュニティセンター・岐阜市立図書館・徳島県ミナミマリンラボ・公益財団法人ふくい産業支援センター・フリースクール空・龍ヶ崎市図書館・つくば市ふれあいプラザ・イーアスつくば・東京都中央区教育センター・花まる学習会、その他

「お勉強」してるヒマがあったら手と頭を動かして技術を身に付けましょう。

お勉強禁止!

読者特典のお知らせ
本書の読者に限り、ささやかながら"特典"をご用意してあります。さっそく下記にアクセスしてみてください。何が出るかはお楽しみ♪
https://www.c60.co.jp/tokuten/

たぶんついていけなくて、聞くだけで終わるかもしれない不安がたっぷりありました。自分で手を動かすことで、何がわからないかが自分で気付けたことで解決されました。（N.M 30代女性 フリーデザイナー）

ガリガリやれて、おもしろいですよ!! 終わった時はかんげき。（M.S 24歳男性 コールセンター勤務）

これって本当にセミナーですか?ってかんじですよ。（T.M 32歳）

感激しまくりでした。勉強というよりも探求という感じで、クイズ感覚でやっているうちに、いつのまにか出来ちゃっていたコトに驚きました!（K.N 26歳）

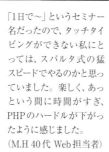

「1日で〜」というセミナー名だったので、タッチタイピングができない私にとっては、スパルタ式の猛スピードでやるのかと思っていました。楽しく、あっという間に時間がすぎ、PHPのハードルが下がったように感じました。（M.H 40代 Web担当者）

・株式会社C60（シーロクマル） メール info@c60.co.jp
・初心者専門のプログラミング教室：https://php.c60.co.jp
・facebook：https://www.facebook.com/c60tani
友達申請は「読者です」と必ずメッセージをください。

用語索引

[著者プロフィール]

1981年にプログラミングを始め、大学時代の87年からベンチャー企業にプログラマーとして勤務。24才で世界最高精度の産業用ロボットを独自理論で開発。23カ国に約6万人のユーザーを持ち、多くの天文台へ導入されている天体観測ソフト「SUPER STAR」(https://www.sstar.jp) の開発者。

また、大手人材会社にてキャリアカウンセラー資格を持つ営業マンとして1,000社を超えるクライアント企業と交渉し、延べ1,000人以上の転職者を支援。フリーターをIT人材に育て上げるユニークな試みは、テレビ東京「ワールドビジネスサテライト」でも紹介される。2008年に株式会社C60（シーロクマル）を創業し翌年独立。初心者専門のプログラミング教室を秋葉原に開講し、3,000人以上の大人にプログラミングを教える（https://php.c60.co.jp/）。研修講師として全国で登壇、本質的なことを伝える講座を展開。2018年には、子どもたちに生きる力を教えるスクール「子ども社会塾」を開講（https://sjuku.jp）。

米国CCE,Inc. GCDF-Japanキャリアカウンセラー、国家資格キャリアコンサルタント。

いきなりはじめるPHP 改訂版
（ビーエイチピー かいていばん）
新・ワクワク・ドキドキの入門教室
（しん） （にゅうもんきょうしつ）

© 谷藤賢一　2024

2024年5月15日　第1版第1刷発行

著　　者　　谷藤賢一
（たにふじけんいち）

発 行 人　　新関卓哉
編集担当　　松本昭彦
発 行 所　　株式会社リックテレコム
　　　　　　〒113-0034 東京都文京区湯島3-7-7
　　　　　　振替　00160-0-133646
　　　　　　電話　03（3834）8380（代表）
　　　　　　URL　https://www.ric.co.jp/

装丁・デザイン・イラスト　河原健人
本文組版　株式会社明昌堂
印刷・製本　株式会社平河工業社

● 訂正等
本書の記載内容には万全を期しておりますが、万一誤りや情報内容の変更が生じた場合には、当社ホームページの正誤表サイトに掲載しますので、下記よりご確認下さい。
＊正誤表サイトURL
https://www.ric.co.jp/book/errata-list/1

● 本書の内容に関するお問い合わせ
FAXまたは下記のWebサイトにて受け付けます。回答に万全を期すため、電話でのご質問にはお答えできませんのでご了承ください。
・FAX：03-3834-8043
・読者お問い合わせサイト：https://www.ric.co.jp/book/のページから「書籍内容についてのお問い合わせ」をクリックしてください。

製本には細心の注意を払っておりますが、万一、乱丁・落丁（ページの乱れや抜け）がございましたら、当該書籍をお送りください。送料当社負担にてお取り替え致します。

ISBN978-4-86594- 402-0
Printed in Japan